新疆天气年鉴
（2017年）

陈春艳　唐　冶　赵克明　安大维◎主编

内 容 简 介

本年鉴是新疆维吾尔自治区气象台适应气象业务高质量发展的新业务产品之一。全书共分四章,第一章概述了2017年新疆天气气候特点及其影响,给出了2017年年降水、气温极值及暴雨、暴雪、寒潮、高温、大风、沙尘、大雾等灾害性天气日数分布图;第二章给出了2017年81次天气过程实况描述、灾情及影响等纪要表信息;第三章梳理了2017年35次中等及以上强度天气过程主要影响系统及其演变特征和寒潮、暴雨、暴雪、大风、沙尘暴、高温等灾害天气及冰雹、短时强降水强对流天气的统计特征及相关天气过程资料;第四章为2017年中弱、弱天气过程图。本书较为全面地梳理了2017年新疆天气过程特点及其影响,可供从事气象、水利、自然资源、生态、环境、人文、经济、社会其他行业等方面的业务、科研、教学和管理决策人员参考。

图书在版编目(CIP)数据

新疆天气年鉴. 2017年 / 陈春艳等主编. —北京：气象出版社,2020.12
ISBN 978-7-5029-7371-1

Ⅰ. ①新… Ⅱ. ①陈… Ⅲ. ①天气-新疆-2017-年鉴 Ⅳ. ①P44-54

中国版本图书馆 CIP 数据核字(2020)第 268480 号

新疆天气年鉴(2017年)
Xinjiang Tianqi Nianjian(2017Nian)

出版发行：**气象出版社**
地　　址：北京市海淀区中关村南大街46号　邮政编码：100081
电　　话：010-68407112(总编室)　010-68408042(发行部)
网　　址：http://www.qxcbs.com　　E-mail：qxcbs@cma.gov.cn
责任编辑：杨泽彬　　　　　　　　　　终　　审：吴晓鹏
责任校对：张硕杰　　　　　　　　　　责任技编：赵相宁
封面设计：楠竹文化
印　　刷：北京建宏印刷有限公司
开　　本：889 mm×1194 mm　1/16　　印　　张：7.25
字　　数：230 千字
版　　次：2020年12月第1版　　　　　印　　次：2020年12月第1次印刷
定　　价：150.00 元

本书如存在文字不清、漏印以及缺页、倒页、脱页等,请与本社发行部联系调换。

新疆天气年鉴(2017年)编审委员会

主　任：何　清

副主任：江远安　陈春艳

委　员（按姓氏拼音字母排序）：

窦新英　贾丽红　李如琦　吕新生　秦　贺
汤　浩　唐　冶　万　瑜　杨　霞　张俊兰
张云惠　赵克明　曾晓青

主　编：陈春艳　唐　冶　赵克明　安大维

参加编写人员（按姓氏拼音字母排序）：

阿不力米提江·阿不力克木　巴哈古丽　窦　刚
窦新英　杜　宁　李桉孛　李海花　李　娜
李如琦　李　伟　刘成武　栾亚睿　吕新生
马　超　美丽巴奴　闵　月　牟　欢　秦　贺
肉孜·阿基　施俊杰　孙鸣婧　唐　冶　吐莉尼沙
万　瑜　王　江　许婷婷　杨建成　杨　霞
于碧馨　张　超　张俊兰　张云惠　赵凤环
赵克明　赵亚蕾　郑育琳　周雅蔓

序

新疆维吾尔自治区位于亚欧大陆腹地、祖国西北边陲，地处我国内地主要天气系统的上游，境内面积160多万平方千米；北部是西北东南走向的阿尔泰山、中部天山山脉、南部是昆仑山山脉，横贯东西的天山山脉将新疆分割成南疆、北疆，北疆是由阿尔泰山、天山和西部沿国境线的阿拉套山、巴尔鲁克山等与其围成的准噶尔盆地组成，其间是古尔班通古特沙漠；南疆北有天山、西部西天山余脉与昆仑山西段接壤、南有海拔超过5000米的喀啦昆仑山，东南部是阿尔金山，高山环绕下的南疆塔里木盆地中有世界第二大沙漠——塔克拉玛干沙漠。新疆境内山脉、盆地相间，地势高差悬殊；雪山、草原、河流错落，自然环境迥异；湖泊、绿洲星罗棋布，生态环境多样。"三山夹两盆"的自然地貌对形成新疆独特的天气气候起到了重要的作用。一方面，新疆属于典型的大陆性温带干旱气候区，具有丰富的光热、风能等气候资源；另一方面，气象灾害频发、降水稀少干旱，人类赖以生存的自然环境恶劣、生态环境脆弱。因此，新疆气象工作在新疆地方经济社会发展中具有十分重要的地位。

新疆天气过程图自20世纪50年代以来一直是新疆气象档案馆藏的重要资料之一，成为气象工作者们查阅、评估、考证历史天气过程的重要参考资料之一。新疆天气过程图包含新疆天气过程综合图、天气过程实况描述、环流特征和影响系统及其演变的描述三大要素，以及每次过程强度及预报值班员信息等。它随着现代气象事业的发展不断补充完善，目前已经是新疆天气预报及服务业务的重要支撑材料之一。新疆天气过程综合图包含过程降水量、过程降温、过程最低气温、过程极大风向风速和2分钟平均风速最大值等要素填图和过程降水量分布图，同时还标注大雾、扬沙、沙尘暴等天气落区。原有的新疆天气过程图主要是以新疆境内105个国家级气象站资料为主。2012年开始新疆区域自动站网建设发展迅速，至2017年已经建成自动气象站1800多个，基于1800多个自动气象站数据集的降水落区分析和105个国家级气象站降水落区分析差异明显，尤其是山区和沿山一带暴雨、短时强降水落区及强度记录经常刷新气象工作者对新疆降水的认识，大风、极端气温等也存在类似的情况。仅用一张图已经无法满足爆发式增长的气象信息的完整记录，如何更加完整、全面地保存天气过程的有效信息是摆在气象人面前亟待解决的问题。

新疆天气年鉴（2017年）是新疆维吾尔自治区气象台适应气象业务高质量发展的新业务产品之一。在年鉴编制过程中首先梳理了新疆天气过程业务标准，根据预报服务业务需求首次给出了新疆暴雨、暴雪、寒潮、高温、大风、沙尘暴等强天气过程的业务标准，面对新疆局地暴雨洪水和冰雹灾害严重的情况，增加了强对流天气过程的遴选标准。为了方便广大读者充分了解2017年新疆天气气候特点，在本书第一章概述了2017年新疆天气气候特点及其影响，给出了2017年年降水、气温极值及暴雨、暴雪、寒潮、高温、大风、沙尘、大雾等灾害性天气日数分布图。在保留原有天气过程图档案资料信息的基础上，第二章给出了2017年81次天气过程实况描述、灾情及影响、制作人等天气过程纪要表信息。对于 2017 年 35 次中等强度及以上强度的天气过程进行了专门的梳理，根据全国预报员技能竞赛的标准和要求给出了每次过程高空、地面主要影响系统及其演变特征的描述，并结合自动站逐时数据给出了每次天气过程中寒潮、暴雨、暴雪、大风、沙尘暴、高温等灾害性天气及冰雹、短时强降水等强对流天气的统计特征及相关天气落区图。本书较为详细地梳理了 2017 年新疆天气过程特点及其影响，较为全面地给出了 2017 年新疆天气过程基础信息，为气象业务科技创新发展趋势下传统天气预报业务发展模式进行了有益的探索。

《新疆天气年鉴》的出版也是新疆天气过程信息标准化存储的开始，它不仅是年轻预报员培养预报思路的重要参考资料，也是新疆天气预报业务标准化的基础产品之一。可供从事气象、水利、自然资源、生态、环境、人文、经济、社会其他行业等方面的业务、科研、教学和管理决策人员参考。

中国工程院院士 李泽椿
2020 年 12 月 20 日

前　言

　　新疆天气过程图自20世纪50年代以来一直是新疆气象档案馆藏的重要资料之一,成为气象工作者查阅、评估、考证历史天气过程的重要参考资料之一。新疆天气过程图主要包含天气过程起止时间、强度、累计降水量、降温幅度、最大风速、沙尘天气落区及环流演变特征等信息。早期,新疆天气过程图制作是由值班预报员将过程信息填在新疆天气过程图底图上,然后进行分析。2011年新疆维吾尔自治区气象台（以下简称新疆气象台）升级了天气过程图制作流程,实现了过程累计降水、降温幅度等要素自动填图、过程累计降水量分析人机交互实现、天气过程实况描述和环流演变特征等文字描述计算机录入,最终在后台实现过程图的综合集成。

　　2012年开始,新疆自动气象站网建设发展迅速,至2017年已经建成自动气象站1800多个,基于1800多个自动气象站数据集的降水落区分析和105个国家气象站降水落区分析差异明显,尤其是山区和沿山一带暴雨、短时强降水落区及强度记录经常刷新预报员们对新疆降水的认识,大风、极端气温等也存在类似的情况。鉴于此,时任新疆气象台台长何清研究员倡议从2017年起每年出版一册《新疆天气年鉴》,尽可能完整地保存天气过程信息,同时在这个过程中有助于新疆预报员加深对各类天气的认识。经过近一年的前期调研和筹划,2019年9月20日新疆气象台技术委员会针对《新疆天气年鉴》制作和出版事宜召开了专题会议,为了更好地传承天气过程档案制作和存档业务,筹备成立《新疆天气年鉴》编写委员会。会议决定：自2017年起每年编写出版一册《新疆天气年鉴》；编写内容实行首席预报员负责制,2017年天气年鉴由陈春艳首席预报员负责。技术委员会审议了2017年年鉴编写组陈春艳首席预报员团队提出的新疆天气过程强度补充标准及2017年天气年鉴编写提纲和目录。2019年10月开始新疆气象台值班预报员在值班首席预报员的带领下根据编写组提供的2017年天气过程目录和编制要求,对2017年天气过程进行了重新梳理,2019年12月,2017年天气年鉴第一稿完成。

　　2017年天气年鉴主要包括年鉴编制说明和正文两大部分。编制说明在以往天气过程强度划分标准的基础上,补充了暴雨、暴雪、大风、寒潮、高温等强天气过程标准。2017年新疆天气年鉴正文共有四个部分内容组成：第一部分2017年新疆天气气候概况,主要包括2017年气候概况、降水、气温极值及暴雨、暴雪、寒潮、高温、大风、沙尘、大雾等灾害性天气日数分布图、2017年天气过程概况等；第二部分2017年天气过程纪要表,给出了2017年81次天气过程的过程编号、起止时间、天气过程实况描述、灾情及影响、制作审核人员信息；第三部分2017年中等强度及以上强度天气过程图、表,包括2017年32次中等及以上强度天气过程和3次高温天气过程的天气过程表和天气过程图两部分内容,天气过程表包含天气过程主要影响系统及其演变特征和寒潮、暴雨、暴雪、大风、沙尘暴、高温等灾害天气及冰雹、短时强降水强对流天气的统计特征及描述,天气过程图包括本次天气过程综合图（保留原有的过程图）、过程累计降水量图（包含区域自动气象站）、过程中最强降水日累计降水量图、过程最大小时雨强（暖季）、过程极大风速图（寒潮、大风过程)、过程最低气温(冷季)、过程最高气温(高温过程)、天气过程最强时段高空高度场和温度场分析图、地面气压场分析图、最强降水时段卫星云图等;第四部分 2017 年中弱、弱天气过程图,给出了 2017 年 24 次中弱、21 次弱过程天气过程图。第一部分由陈春艳、唐冶、杨建成、安大维等完成,第二到第四部分由陈春艳、赵克明、安大维、郑育琳、窦刚等统稿校对,其中高温天气过程由杨霞和许婷婷负责完成。由于天气年鉴编写涉及面广、编写组水平有限,不一定能完全体现年鉴编制的所有初衷,希望读者不吝赐教,以便以后改进。

2017 年天气年鉴收录的每一次天气过程都是新疆气象台值班预报员辛勤劳动的成果,因此,2017 年天气年鉴是新疆气象台集体统一会战的结晶。筹备初期,阿不力米提江·阿布力克木、张超、于碧馨、吐莉尼沙、秦贺等同志对年鉴提纲、版式和天气实况、灾情描述、环流演变等模块的模板进行了多次尝试;在具体过程纪要表、过程图表制作过程中张俊兰、张云惠、李如琦、吕新生、窦新英等首席预报员给出了许多宝贵的建议;新疆气象台领导始终把年鉴编写作为一项重要工作给予了大力支持和高度重视;在 2017 年天气气候概况章节编写过程中,新疆维吾尔自治区气候中心陈颖、李海燕两位高级工程师给予了热情的支持和帮助,在此深表感谢。

本书编委会
2020 年 8 月

编写说明

一、天气过程标准

为了适应新疆预报服务业务的需要,本年鉴天气过程强度在延续新疆气象台以往业务标准(附录A)的基础上,做了部分修改和增加。原强天气过程根据灾害天气发生的范围和强度分别增加备注:寒潮、暴雨、暴雪、大风、沙尘暴、强对流天气过程;增加了高温过程和强对流天气过程,高温天气过程标准执行新疆气象台2020年依据高温行业标准、结合新疆高温天气实况制定的业务标准;原中等偏强强度(以下简称"中强")天气过程保留,但备注了以降温、降水、风沙等何种灾害性天气为主,或者是综合性中强天气过程;原中等强度(以下简称"中度")、中等偏弱强度(以下简称"中弱")、弱天气过程继续保留。

寒潮天气过程:在同一次天气过程中,北疆或南疆范围内有70%国家级气象站达到寒潮标准,定义一次寒潮天气过程。

暴雨天气过程:在同一次天气过程中,同一天或连续两天有两个地(州)5站(国家级气象站)或以上出现暴雨(24 h累计降雨量≥24.1 mm),定义一次暴雨天气过程。

暴雪天气过程:在同一次天气过程中,同一天或连续两天有两个地(州)5站(国家级气象站)或以上出现暴雪(24 h降雪量≥12.1 mm),定义一次暴雪天气过程。

大风天气过程:在同一次天气过程中,新疆区域50%国家级气象站观测到平均风速≥10.8 m/s(6级)或瞬时极大风速≥17.2 m/s(8级)的天气,定义一次大风天气过程。

沙尘暴天气过程:在同一次天气过程中,新疆区域10站(国家级气象站)或以上观测到沙尘暴天气,定义一次沙尘暴天气过程。

强对流天气过程:一个地区大部分区域(70%区域)或两个以上地区50%区域监测到短时强降水(小时雨量≥10 mm)、冰雹(冰雹直径≥5 mm)、雷暴大风(瞬时极大风速≥17.2 m/s),定义一次强对流天气过程。

高温天气过程标准详见附录B。

二、资料与统计方法

2017年寒潮、暴雨、暴雪、大风、沙尘暴、高温、大雾等灾害天气日数和降水日数、最大小时雨强和站数是基于自动气象站小时观测数据(日界采用20—20时统计),沙尘暴、雾等灾害天气日数和站数是在参考8次地面观测数据的基础上,以小时最小能见度及其相关判识标准为依据进行统计。

三、新疆天气过程编号标准

新疆气象台对发生在新疆区域内的天气过程按照其起始时间的先后次序进行编号,编号用6位数码,前4位数码表示年份,后两位数码表示出现的先后次序。例如,2017年出现的第6次天气过程应编为"201706"。

四、新疆天气过程纪要表内容

天气过程纪要表包括该年出现的所有强度的天气过程,其相关内容包括天气过程编号、起止时间、过程强度(类型)、天气过程实况描述、天气影响及灾情、审核制作人等信息。

五、年降水、气温极值及灾害性天气日数分布图

年降水量、降水日数采用国家级气象站逐时降水数据,最大小时雨强采用 4—10 月国家级气象站和区域自动气象站小时降水数据统计;灾害天气日数分布图包括暴雨天气日数分布图、暴雪天气日数分布图、大风天气日数分布图、沙尘暴天气日数分布图、高温天气日数分布图、寒潮天气日数分布图、大雾天气日数分布图,其中,暴雨、暴雪、大风、高温、寒潮等灾害天气采用国家级气象站和区域自动气象站小时数据统计,沙尘暴、大雾等灾害天气日数是在参考 8 次地面观测数据的基础上,以小时最小能见度及其相关判识标准为依据进行统计。上述统计均采用 20—20 时日界。

六、天气过程图、表

天气过程图、表包括天气过程描述表、天气过程综合图、最强降水时段逐日降水量累计图、天气过程中逐站最大小时雨强、灾害天气落区图(大风、最低气温、最高气温、最小能见度)、主要天气时段 500 hPa 高空形势图、700 hPa 或 850 hPa 高空形势图、地面天气图、最强降水时段卫星云图、降水中心或强对流天气时段雷达回波图。其中,天气过程描述表包括过程起止时间、过程强度、主要影响系统及其演变特征描述(中等及以上强度天气过程)和过程中降温幅度(寒潮)、暴雨、暴雪、大风、沙尘暴、强对流天气[包括短时强降水(短时强降水标准采用新疆气象业务标准≥10 mm/h)、冰雹]等灾害性天气统计特征,其中,主要影响系统包括高空、地面影响系统,高空影响系统主要包括高空槽、低涡、高空急流、低空急流、低空切变线等,地面影响系统主要包括冷锋、冷高压、暖低压、地面辐合线等;天气过程综合图主要沿用目前新疆气象台正在业务应用的过程图及其统计制作规范(见附录 C);最强降水时段逐日降水图、天气过程中逐站最大小时雨强、灾害天气落区图(极大风速、最低气温、最高气温、最小能见度)统计均采用国家级气象站、区域自动气象站逐时数据。500 hPa 高空形势图、地面天气图的选用原则是能充分反映出造成该次天气过程主要灾害天气的环流形势和影响系统,图中 G(D)表示高(低)压中心、L(N)表示冷(暖)中心。中弱、弱天气过程仅附天气过程综合图,其余图表略。

目　　录

序
前言
编写说明

第1章　2017年天气气候概况 …………………………………………………………………………… 1

   1.1　2017年气候背景 ……………………………………………………………………………………… 1

   1.2　年降水、气温极值及灾害性天气日数分布 ………………………………………………………… 1

   1.3　2017年天气过程概况及其影响 ……………………………………………………………………… 4

第2章　2017年天气过程纪要表 ………………………………………………………………………… 5

第3章　2017年天气过程图、表（中等及以上强度过程） …………………………………………… 19

   3.1　2月4日05时至7日08时天气过程 ………………………………………………………… 19

   3.2　2月18日20时至21日14时天气过程 ……………………………………………………… 21

   3.3　2月21日02时至22日14时天气过程 ……………………………………………………… 23

   3.4　3月3日02时至6日17时天气过程 ………………………………………………………… 24

   3.5　3月17日05时至22日20时天气过程 ……………………………………………………… 26

   3.6　4月3日02时至5日08时天气过程 ………………………………………………………… 28

   3.7　4月5日05时至8日20时天气过程 ………………………………………………………… 30

   3.8　4月13日14时至15日14时天气过程 ……………………………………………………… 32

   3.9　4月16日17时至18日20时天气过程 ……………………………………………………… 34

   3.10　4月28日23时至5月3日20时天气过程 ………………………………………………… 36

   3.11　5月18日14时至20日20时天气过程 …………………………………………………… 38

   3.12　5月25日14时至29日08时天气过程 …………………………………………………… 40

   3.13　5月30日14时至31日08时天气过程 …………………………………………………… 42

   3.14　5月31日08时至6月4日17时天气过程 ………………………………………………… 44

   3.15　6月6日20时至9日11时天气过程 ……………………………………………………… 46

   3.16　6月13日至23日高温天气过程 …………………………………………………………… 49

   3.17　6月24日08时至27日20时天气过程 …………………………………………………… 50

   3.18　6月27日20时至7月1日20时天气过程 ………………………………………………… 53

   3.19　7月1日20时至7月6日20时天气过程 ………………………………………………… 56

   3.20　7月2日至17日高温天气过程 …………………………………………………………… 58

   3.21　7月15日08时至7月19日20时天气过程 ……………………………………………… 59

   3.22　7月26日至30日高温天气过程 …………………………………………………………… 62

   3.23　8月11日14时至13日11时天气过程 …………………………………………………… 63

   3.24　8月13日20时至19日08时天气过程 …………………………………………………… 65

3.25　8月19日08时至22日02时天气过程 …… 67
3.26　8月22日02时至25日20时天气过程 …… 69
3.27　9月10日20时至13日20时天气过程 …… 71
3.28　9月23日08时至25日09时天气过程 …… 73
3.29　9月28日20时至10月1日17时天气过程 …… 75
3.30　10月3日14时至7日20时天气过程 …… 77
3.31　10月25日08时至28日20时天气过程 …… 79
3.32　11月3日23时至6日08时天气过程 …… 81
3.33　11月10日05时至12日14时天气过程 …… 82
3.34　11月15日20时至17日20时天气过程 …… 84
3.35　12月26日08时至29日08时天气过程 …… 86

第4章　2017年中弱、弱天气过程图 …… 89

4.1　中弱天气过程信息表 …… 89
4.2　中弱天气过程实况图 …… 89
4.3　弱天气过程信息表 …… 93
4.4　弱天气过程实况图 …… 94

附录A　新疆天气过程强度业务标准 …… 98

附录B　新疆气象台高温天气过程标准 …… 99

附录C　新疆气象台天气过程制作规范(试行) …… 101

第1章 2017年天气气候概况

1.1 2017年气候背景

2017年年平均气温,全疆9.1℃,较常年高0.9℃,偏高幅度居历史第三位。北疆8.0℃,较常年高1.0℃;天山山区4.0℃,较常年高0.6℃;南疆12.1℃,较常年高0.9℃。2017年全疆年平均降水量182.6 mm,较常年多近1成。北疆203.1 mm,接近常年;天山山区为394.9 mm,较常年多1成;南疆84.3 mm,偏多3成。开春期,北疆大部分地区及天山山区大部分地区较常年晚,多地在3月下旬开春;南疆较常年早,大部分地区在2月上旬至中旬开春。终霜期,全疆大部分地区较常年早,终霜期在3月中旬至5月初。初霜期,全疆除北疆大部分地区、哈密市、巴州北部的初霜期在9月下旬至10月上旬,其余地区均在10月下旬至11月中上旬。入冬期,全疆大部分地区在11月中旬至下旬陆续入冬。

1.2 年降水、气温极值及灾害性天气日数分布

1.2.1 年累计降水量、降水日数、日极值降水量、最大小时雨强分布

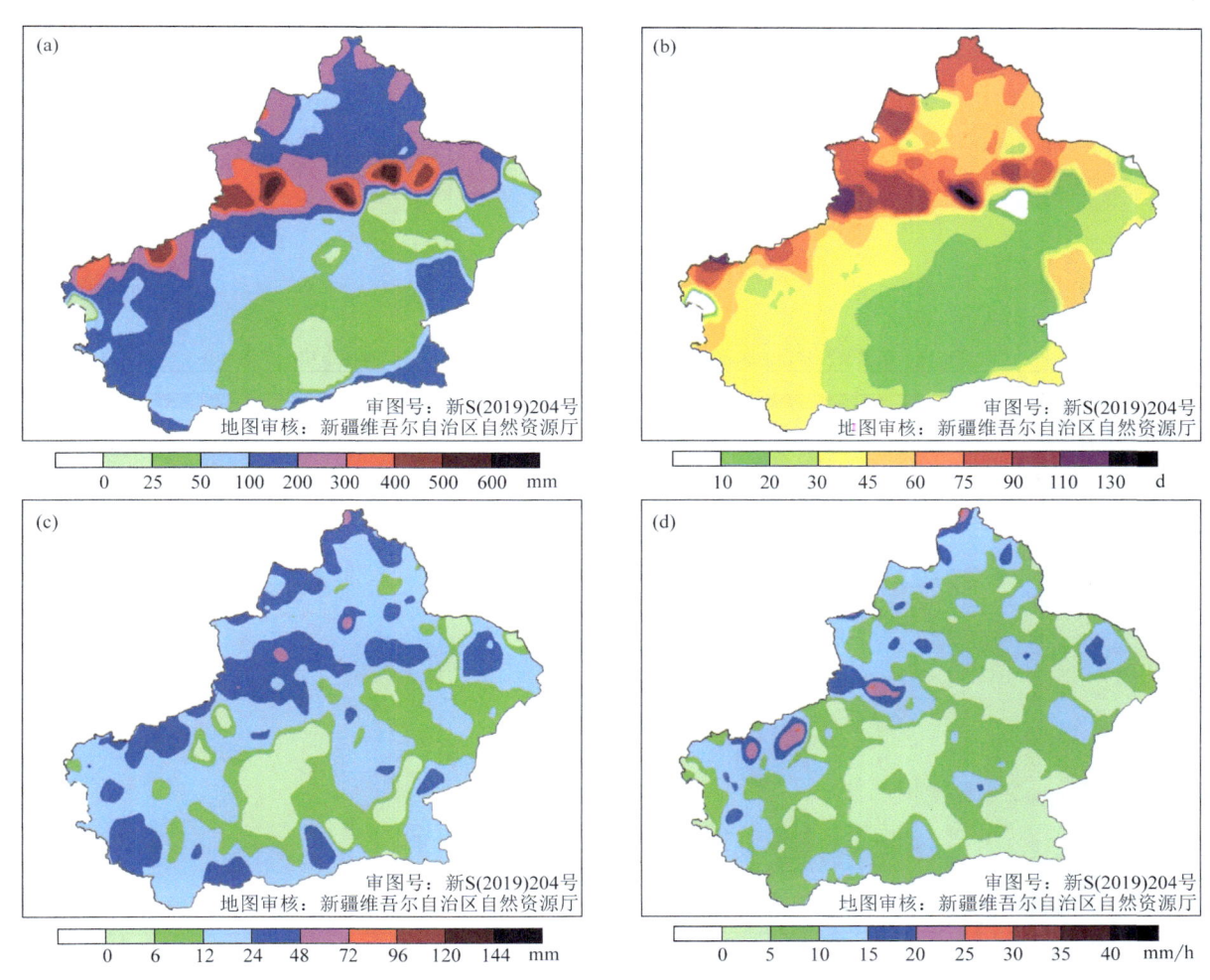

图1.1 年累计降水量(a)、降水日数(b)、日极值降水量(c)、最大小时雨强分布(d)

1.2.2　年极端最低气温、最高气温分布

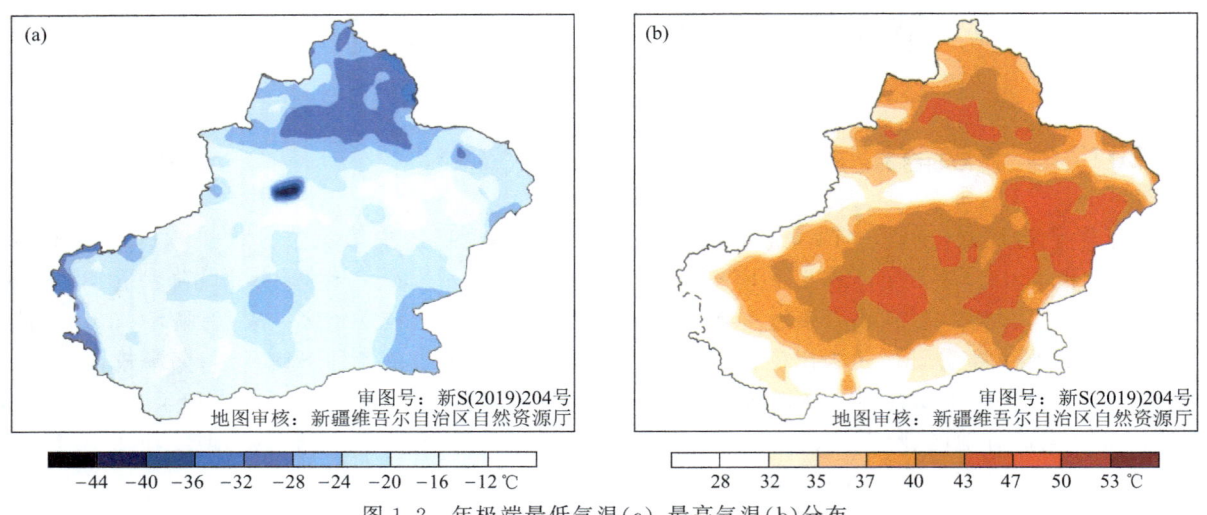

图 1.2　年极端最低气温（a）、最高气温（b）分布

1.2.3　暴雨、暴雪、大风、沙尘、大雾、寒潮、高温日数分布

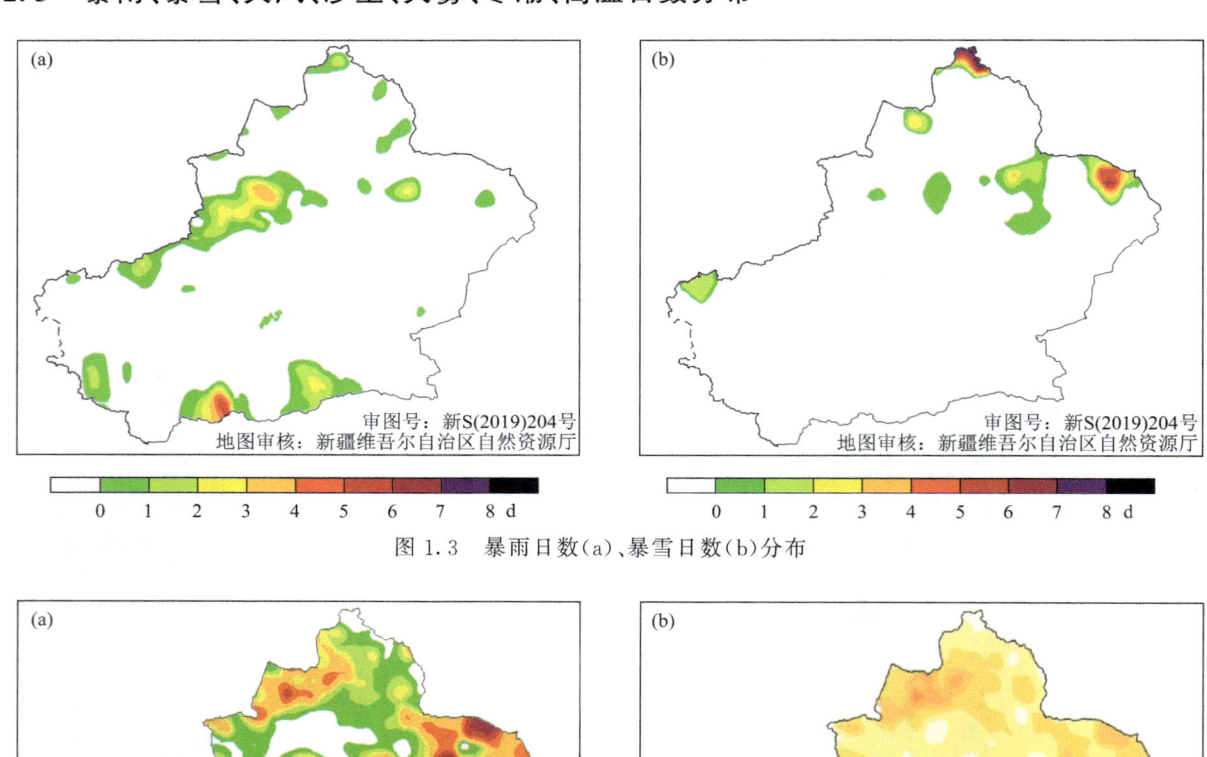

图 1.3　暴雨日数（a）、暴雪日数（b）分布

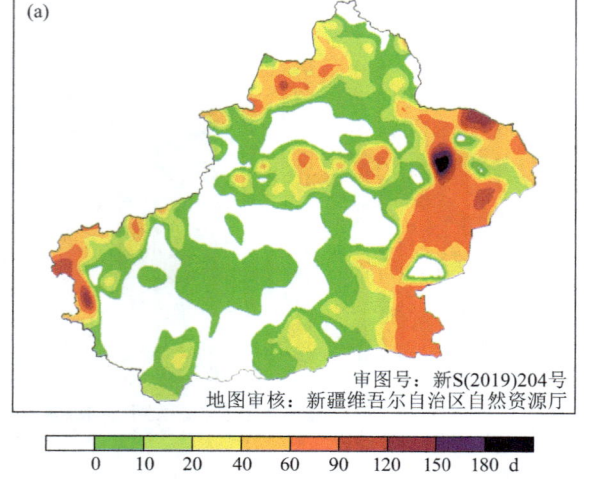
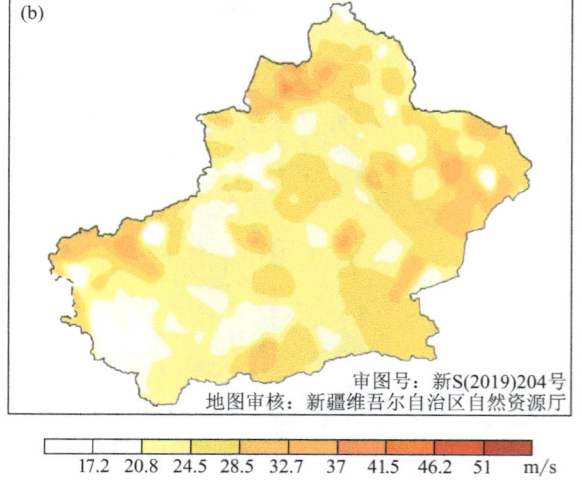

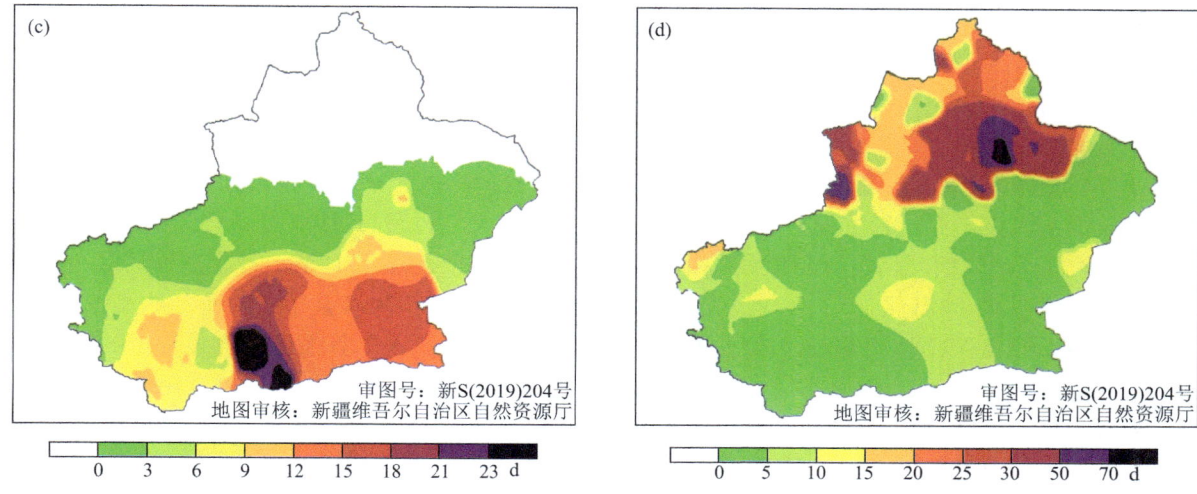

图1.4 大风日数(a)、年极大风速(b)、沙尘暴日数(c)、大雾日数(d)分布

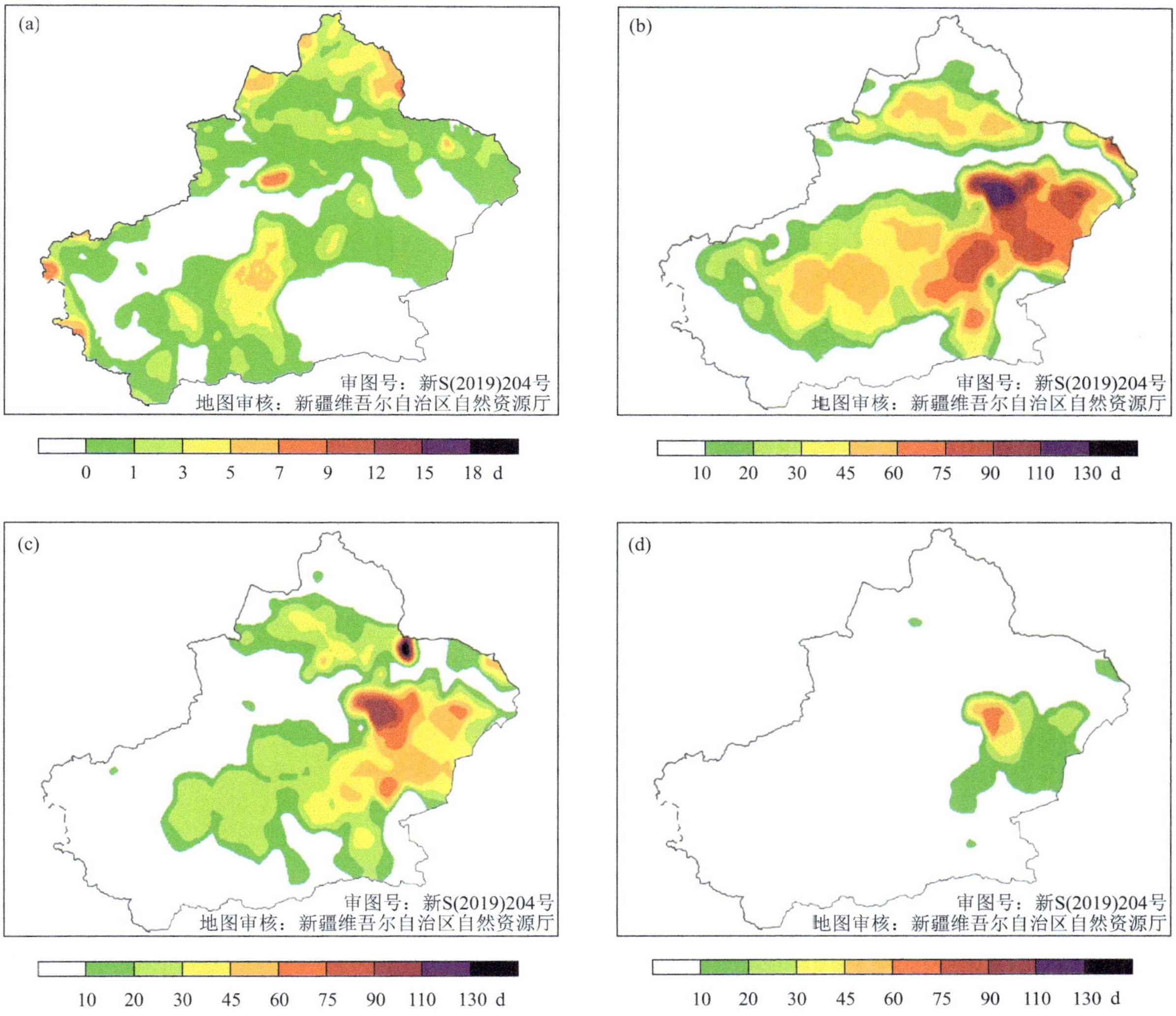

图1.5 寒潮日数(a)、35℃以上高温日数(b)、37℃以上高温日数(c)、40℃以上高温日数(d)分布

1.3 2017年天气过程概况及其影响

2017年共出现81次天气过程,其中,强天气过程7次、中等偏强7次、中等强度18次、中等偏弱24次、弱过程21次和4次高温天气过程。2017年天气过程总体略偏少,但时间分布极不均匀。2017年1月冷空气活动偏弱,没有出现中等强度及以上强度的天气过程;进入2月冷空气活动相对较多,出现了一次中等偏强的大风降温降雪过程和一次寒潮暴雪为主的强天气过程,2月南疆降雪频次高且局部暴雪天气明显。3月冷空气活动偏弱,仅有两次以降水为主的中等强度过程;4月至5月冷空气活动频繁、强度偏强且风沙天气明显,共出现17次天气过程,其中4次强天气过程(2次沙尘暴强过程、1次春季暴雨雪强风沙综合性强天气过程、1次春季暴雨强过程)、1次中等偏强过程、3次中等强度天气过程,尤其是南疆塔里木盆地风沙天气次数多、影响范围广、强度强;5月起南、北疆强对流天气频发,短时强降水、冰雹等呈多发群发的态势,除5月暴雨强过程外,6月至8月出现1次以暴雨为主的强过程、4次短时强降水、冰雹等强对流天气为主的中等偏强天气过程;夏季共出现4次高温天气过程且持续时间长、强度偏强,7月2—17日,新疆出现2017年度最强高温天气过程,高温天气持续时间长达16 d,大范围出现高强度高温天气,其中7月10日吐鲁番市高昌区二堡乡站最高气温达到50.6℃,刷新我国日最高气温纪录(49.6℃);进入秋季强冷空气活动少,仅在9月下旬出现1次大风降温为主的中等偏强天气过程;进入冬季,冷空气活动少且强度偏弱,仅在12月下旬后期出现1次以暴雪为主的强天气过程。2017年主要气象灾害有冰雹、大风沙尘、暴雨洪涝及其衍生的地质灾害、连阴雨、雪灾、低温冷害、大雾、高温等,给自治区的农牧业及林果业生产、交通运输、人民生命及财产安全等造成了危害。2017年全疆气象灾害总体中度偏轻发生。冰雹灾害损失最大,约占总损失的44%;其次是大风沙尘灾害,约占35%;暴雨洪涝及其衍生的地质灾害排第三,约占16%;其他灾害约占11%。

第 2 章 2017 年天气过程纪要表

序号	起止时间（年月日时）	过程强度	天气实况描述	影响及灾情描述	首席、审核、制作人
201701	2017010320—2017010414	弱	伊犁州、塔城地区北部、阿勒泰地区等地的部分区域和博州、哈密市的局部区域出现小雪，其中伊犁州、塔城地区北部等地的局部区域出现中雪。3 日白天到夜间乌鲁木齐市南郊到达坂城一带出现 6～7 级东南风		吕新生 美丽巴奴 秦贺
201702	2017010620—2017011002	中弱	喀什地区、克州、和田地区、阿克苏地区大部及塔城地区南部、石河子市、昌吉州东部、巴州南部等地的部分区域出现小雪，其中喀什地区、克州等地的部分区域出现中到大雪，局地暴雪，喀什地区、克州大部分区域降温 8～14℃		张云惠 赵克明 李娜
201703	2017011211—2017011514	中弱	北疆大部分地区出现小雪，其中伊犁州北部、塔城地区北部出现中雪，局部大雪；伊犁州、塔城地区北部、阿勒泰地区、乌鲁木齐市、哈密市北部等地的大部分区域降温 5～8℃，局部 8～10℃		张云惠 万瑜 于碧馨
201704	2017012320—2017012520	中弱	北疆大部分地区出现小雪，其中伊犁州大部分地区、博州西部及塔城地区北部、阿勒泰地区西部、乌鲁木齐市等地的局部区域出现中雪，伊犁州北部、博州西部局地大雪，北疆、东疆风口出现 8 级左右西北风；26 日天气转晴后，伊犁州大部分地区、博州西部、阿勒泰地区大部分地区和塔城地区北部、哈密市北部等地的局部区域降温 8～12℃，局地降温 12℃以上，出现寒潮		李如琦 秦贺 牟欢
201705	2017012520—2017012614	弱	博州大部分地区、喀什地区、克州大部分地区、和田地区中部分地区、西部和塔城地区南部的部分区域出现小雪，其中喀什地区、克州等地的局部区域中雪，东疆风口偏北风 7 级		李如琦 张超 阿不力米提江①
201706	2017013114—2017020208	弱	伊犁州、阿克苏地区东部和塔城地区、乌鲁木齐市山区、克州山区、巴州北部山区等地的局部区域出现小雪		陈春艳 赵克明 赵凤环
201707	2017020405—2017020708	中强（北疆、东疆强降温）	北疆大部分地区和喀什地区、克州、和田地区、阿克苏地区等地的部分区域出现微到小雪，其中伊犁州、博州西部、塔城地区北部、阿勒泰地区西部等地的部分区域和乌鲁木齐市、昌吉州、喀什地区、和田地区、哈密市北部山区等地的局部区域出现中到大雪；上述部分区域出现 4～5 级西北风，北疆、东疆风口风力 10 级左右；北疆大部分地区降温 8～12℃，部分区域出现寒潮，局部出现特强寒潮		吕新生 秦贺 巴哈古丽
201708	2017020620—2017020914	弱	喀什地区、克州、和田地区等地的大部分区域和阿克苏地区、博州、塔城地区等地的局部区域出现小雪，其中克州局部出现大雪		吕新生 赵克明 吐莉尼沙

① 全名是阿不力米提江·阿不力克木，下同。

续表

序号	起止时间(年月日时)	过程强度	天气实况描述	影响及灾情描述	首席、审核、制作人
201709	2017021205—2017021420	中弱	塔城地区北部、阿勒泰地区和伊犁州部分区域出现小雪,其中塔城地区北部、阿勒泰地区等地的部分区域中雪,阿勒泰地区局部出现大雪		张云惠 赵克明 李伟
201710	2017021420—2017021602	弱	伊犁州、克拉玛依市、石河子市和塔城地区、阿勒泰地区、博州等地的部分区域出现小雪,其中伊犁州北部、塔城地区北部等地的局部区域出现中雪,伊犁州北部局地大雪,东疆风口西北风阵风9级		张云惠 赵克明 于碧馨
201711	2017021820—2017022114	强(寒潮、暴雪)	全疆大部分地区出现降雪,其中伊犁州、塔城地区、阿勒泰地区、石河子市、乌鲁木齐市、昌吉州、巴州和阿克苏地区、和田地区等地的部分区域出现中到大雪,石河子市、乌鲁木齐市、昌吉州、巴州等地的部分区域及伊犁州、阿克苏地区等地的局部区域出现暴雪,降雪中心乌鲁木齐市累计降雪量25.8 mm;全疆大部分地区出现6级左右西北风(南疆东部为偏东风),风口风力10~12级;喀什地区、和田地区、巴州等地出现扬沙或沙尘暴;北疆大部分地区降温8~12℃,出现寒潮,塔城地区北部、阿勒泰地区西部、昌吉州东部等地超过12℃,出现特强寒潮	2月19日14时至20日09时,暴雪造成乌鲁木齐市部分航班取消、高速公路交通管制。2月19日16时至20日20时,暴雪造成昌吉州吉木萨尔县农业大棚、牲畜棚圈、农机停放棚受损	李如琦 赵凤环 阿不力米提江
201712	2017022102—2017022214	中度	喀什地区、克州及和田地区、阿克苏地区、巴州等地的部分区域出现小量的雨夹雪转雪,其中喀什地区、克州等地的局部区域出现暴雪,降雪中心克州阿图什市累计降雪18.3 mm	2月19日至22日,降雪造成和田地区策勒县、克州阿图什市、喀什地区疏附县房屋、大棚受灾,牲畜死亡	李如琦 万瑜 美丽巴奴
201713	2017022608—2017022720	弱	伊犁州和塔城地区、阿克苏地区等地的部分区域及乌鲁木齐市南部山区、克州山区、巴州北部山区等地的局部区域出现小雪,其中伊犁州的部分区域出现中雪		陈春艳 赵克明 吐莉尼沙
201714	2017030302—2017030617	中度	博州、克州大部分地区和塔城地区、石河子市、喀什地区等地的部分区域及伊犁州、阿勒泰地区、昌吉州、阿克苏地区、巴州北部山区等地的局部区域出现小雪(喀什地区平原为雨),其中,喀什地区、克州等地的局部区域出现中到大雪,局地暴雪,降雪中心克州乌恰站累计降雪41.5 mm,最大积雪深度36 cm;北疆、东疆风口西北风8级左右	3月3日至6日,暴雪造成克州阿合奇县、乌恰县7个乡镇26个村人员受困,166个放牧点牲畜受困、死亡	张云惠 张超 许婷婷
201715	2017031017—2017031414	中弱	喀什地区、克州、和田地区西部、中部和阿克苏地区西部的局部区域出现小雨或雪(山区为雪),其中喀什地区、克州的部分地区出现中到大雨(山区为雪),克州山区局地暴雪	3月10日夜间,暴雪造成和田地区于田县部分棚圈倒塌、牲畜死亡。3月11日07时至3月13日00时,降温降雪造成克州阿图什市2个乡镇部分居民受困,牲畜无法放牧、饲草料严重短缺,部分牲畜走失、棚圈倒塌	吕新生 万瑜 美丽巴奴
201716	2017031705—2017032220	中度	北疆大部分区域和克州山区、巴州北部山区、哈密市北部等地的部分区域出现小雪,其中伊犁州、阿勒泰地区东部、乌鲁木齐市、昌吉州、克州山区等地的部分区域中到大雪,上述大部分地区出现4~5级西北风,风口风力8~9级,"百里"风区阵风11级		陈春艳 赵克明 马超

续表

序号	起止时间（年月日时）	过程强度	天气实况描述	影响及灾情描述	首席、审核、制作人
201717	2017032702—2017032905	弱	伊犁州、塔城地区北部、阿勒泰地区西部和石河子市、昌吉州、乌鲁木齐市、克州山区等地的局部区域出现小雨,北疆、东疆风口西北风7～8级		吕新生秦贺郑育琳
201718	2017033020—2017040108	弱	伊犁州南部、博州东部、塔城地区、石河子市、昌吉州西部和乌鲁木齐市、喀什地区、克州等地的部分区域及阿勒泰地区、阿克苏地区北部等地的局部区域出现小雨,北疆大部、喀什地区、克州等出现4～5级西北风,南疆塔里木盆地东部出现4～5级偏东风,风口风力7级左右;和田西部、巴州南部等出现扬沙		吕新生王江闵月
201719	2017040108—2017040214	弱	伊犁州、博州大部分地区和塔城地区北部、巴州北部等地的部分区域及阿勒泰地区、乌鲁木齐市南部山区、阿克苏地区北部等地的局部区域出现小雨(山区为雪),其中伊犁州东部、乌鲁木齐市南部山区局部中雨或雪,北疆、东疆风口西北风6～7级	4月1日18时、4月2日00时,持续降雨造成伊犁州伊宁县喀拉亚尕奇乡发生两次大面积山体滑坡,第二次导致牧民棚圈淹没,牲畜死亡	吕新生王江阿不力米提江
201720	2017040302—2017040502	中强（伊犁州暴雪）	北疆各地、哈密市北部和克州西部山区、阿克苏地区西部山区、巴州北部山区等地的部分区域出现小雨或雨转雪,其中,伊犁州、博州、塔城地区北部、阿勒泰地区、乌鲁木齐市、昌吉州东部、哈密市北部等地的大部分区域出现中到大雪,伊犁州南部东部、哈密市北部山区等地局部区域出现暴雪,塔城地区南部、石河子市、昌吉州西部出现中到大雨,最大降雪中心伊犁州新源县塔勒德镇二大队累计降雪31.7 mm;上述大部地区出现4～5级西北风,风口风力9～10级,"三十里""百里"风区瞬间最大风力13级;塔里木盆地东部出现5～6级偏东风;巴州南部和和田地区、阿克苏地区、吐鲁番市、哈密市等地局部区域出现扬沙或沙尘暴	4月2日至4日,融雪和降雨混合型洪水造成博州温泉县个别乡镇人员转移安置,房屋受损。4日白天至夜间,8～10级大风造成吐鲁番市托克逊县部分甜瓜受损	张云惠张超赵凤环
201721	2017040505—2017040820	中度	伊犁州、博州、喀什地区、克州、和田地区中部西部、阿克苏地区和塔城地区北部、乌鲁木齐市山区的部分区域断续出现小到中雨(山区为雪),其中,喀什地区、克州、阿克苏地区等地的部分区域中到大雨,山区局地暴雨,最大降水中心阿克苏地区乌什县英阿特站累计降雨67.2 mm;北疆、东疆风口西北风8～11级;和田地区、巴州南部出现扬沙或沙尘暴	4月5日凌晨,持续降雨造成伊犁州新源县316国道发生山体滑坡,部分牧民草垛冲下山,道路中断。4月5日、6日,融雪和降雨混合型洪水造成伊犁州特克斯县域内发生两起山体滑坡,形成小型堰塞湖,道路中断,草场损毁。4月8日18时,冰雹造成喀什地区岳普湖县农作物受灾	张云惠赵克明李桉孛
201722	2017040820—2017041117	弱	乌鲁木齐市、阿克苏地区大部分区域、吐鲁番市和巴州部分区域及博州西部、塔城地区北部、阿勒泰地区、克州、哈密市等地的局部区域出现小雨(山区为雪),其中乌鲁木齐市和阿克苏地区北部、吐鲁番市等地的局部区域中雨,上述地区风口西北风7级左右		李如琦秦贺赵凤环
201723	2017041120—2017041311	中弱	伊犁州、塔城地区北部、克拉玛依市和阿勒泰地区北部、乌鲁木齐市南部山区等地的部分区域及克州山区、哈密市北部等地的局部区域出现小雨(山区为雪),其中伊犁州西北部、塔城地区北部等地的部分区域中到大雨		李如琦万瑜阿不力米提江

续表

序号	起止时间（年月日时）	过程强度	天气实况描述	影响及灾情描述	首席、审核、制作人
201724	2017041314—2017041514	强（沙尘暴）	北疆大部分区域和阿克苏地区、巴州、哈密市、克州山区等地的部分区域出现小雨（山区局地为雨夹雪或雪），其中伊犁州、塔城地区北部、石河子市、乌鲁木齐市、昌吉州、巴州、哈密市北部等地的部分区域中到大雨，伊犁州东南部、乌鲁木齐市山区、昌吉州东部等地的局部区域出现暴雨、局地大暴雨，最大降水中心昌吉州木垒哈萨克自治县照壁山双湾站累计降雨62.3 mm；上述地区大部分区域出现5～6级西北风，风口风力8～9级，喀什地区、克州等地风口地区阵风11～12级；14日，喀什地区、和田地区、巴州南部出现强沙尘天气，岳普湖、莎车、皮山等13站出现沙尘暴，其中，喀什、莎车、洛浦等地出现强沙尘暴	4月12日至15日，持续降水引发的洪涝及雷雨、冰雹、大风等强对流天气，造成伊犁州伊宁市房屋倒塌受损、人员转移安置。4月13日17时至14日10时，大风造成克州阿图什市、喀什地区莎车县、巴楚县、疏附县、麦盖提县房屋受损、棚圈倒塌、设施农业损毁、大田农作物受灾。4月13日至14日，雪灾造成巴州和静县山区草场覆盖，牲畜因采食困难死亡。4月14日，暴雨洪水造成巴州尉犁县棉田受灾、房屋漏雨裂缝、牲畜死亡。4月14日至16日，融雪洪水造成和田地区民丰县国道中断	李如琦 赵凤环 阿不力米提江
201725	2017041617—2017041820	中度	北疆和哈密市北部、阿克苏地区北部、克州山区等地的局部区域出现小雨（山区为雪），其中伊犁州和博州、塔城地区、石河子市、昌吉州、乌鲁木齐市等地的部分区域出现中到大雨，伊犁州南部东部、乌苏到木垒的天山北坡等地的局部区域出现暴雨（雪），最大降水中心昌吉州木垒县大南沟累计降雨52.0 mm；上述大部地区出现5级左右西北风，风口风力8级左右，十三间房瞬间风力11级（32.4 m/s）；巴州南部和喀什地区、和田地区、阿克苏地区、哈密市北部等地的局部区域出现扬沙或沙尘暴，其中巴州南部塔中、若羌、且末出现强沙尘暴		李如琦 赵克明 肉孜·阿基
201726	2017041823—2017042008	中弱	喀什地区大部分区域、克州、阿克苏地区大部分区域和伊犁州南部局地出现小雨，克州北部山区、阿克苏地区的局部区域出现中到大雨；上述部分区域伴有5～6级西北风，风口风力8级左右；巴州南部和喀什地区、阿克苏地区等地的局部区域出现扬沙或沙尘暴，其中巴州南部塔中、且末出现强沙尘暴	4月19日02时至20时，大到暴雨造成阿拉尔市一团大田辣椒、玉米、马铃薯等春播作物受灾	李如琦 吐莉尼沙 孙鸣婧
201727	2017042117—2017042520	中弱	北疆大部分地区、喀什地区、克州、和田地区、巴州、哈密市等地的部分区域出现小雨，其中伊犁州、塔城地区、乌鲁木齐市南部山区、昌吉州山区、和田地区等地的局部区域出现中雨，伊犁州、和田地区局地大雨，和田地区策勒站出现暴雨，上述大部分地区出现5～6级西北风，风口风力9级左右，吐鲁番市、和田地区、巴州南部等地的局部区域出现扬沙或沙尘暴	4月24日11时、19时持续降水造成伊犁州特克斯县马场和喀拉托海镇发生两起山体滑坡。4月24日18时10分至25日08时，持续降雨造成和田市部分乡镇街道发生洪涝灾害	陈春艳 秦贺 马超
201728	2017042520—2017042817	中弱	阿勒泰地区中东部、乌鲁木齐市、昌吉州东部和伊犁州东部、吐鲁番市等地的部分区域及和田地区、巴州北部山区局地出现小到中雨，其中，阿勒泰地区东部、昌吉州山区的局部区域大雨，山区局地暴雨，上述大部地区出现5～6级西北风，风口风力8～9级，吐鲁番市和巴州、阿克苏地区的局部区域出现扬沙	4月25日夜间，大风造成石河子市莫索湾棉田薄膜、滴灌带受损，少量树木和电信电缆杆被吹断。4月25日至26日夜间，持续降雨造成阿勒泰地区青河县部分房屋损坏	陈春艳 万瑜 马超

序号	起止时间 (年月日时)	过程强度	天气实况描述	影响及灾情描述	首席、审核、制作人
201729	2017042823—2017050320	强 (暴雨雪、强风沙)	北疆各地、和田地区、阿克苏地区、巴州、哈密市和喀什地区、克州、吐鲁番市等地的部分区域出现小到中雨(山区雨转雪),其中伊犁州、乌鲁木齐市、昌吉州、阿克苏地区西部、巴州北部、哈密市北部等地的部分区域出现大雨或雪,伊犁州东部、乌鲁木齐市山区、昌吉州东部、克州北部山区、哈密市北部的局部区域出现暴雨或暴雪,伊犁州东部局地大暴雨,最大降水中心伊犁州新源县吐尔根站累计降雨78.7 mm;上述大部分地区伴有6级左右西北风,阵风8～9级,风口风力11～12级;南疆塔里木盆地大部分地区和北疆沿天山一带、吐鲁番市、哈密市等地的局部区域出现扬沙或沙尘暴,莎车、皮山、若羌等11站出现沙尘暴,若羌、且末最小能见度≤100 m,出现了强沙尘暴;南北疆大部分地区降温5～8℃,局部降温8～12℃	4月29日至5月3日,大风造成博州精河县、塔城地区乌苏市、沙湾县、石河子市莫索湾、吐鲁番市高昌区、托克逊县、喀什地区疏附县、阿克苏地区阿瓦提县、阿克苏市、巴州和硕县、若羌县、且末县7地州12县市农作物及林果受灾。风雨降温造成伊犁州特克斯县农作物受灾、牲畜受冻。4月30日白天至夜间,雷雨造成和田地区墨玉县农作物受灾、房屋损坏、家禽死亡。5月2日午后,风雹造成巴州尉犁县作物受灾	张云惠 赵克明 栾亚睿
201730	2017050705—2017050808	中弱	北疆大部分地区和克州山区、哈密市北部局部出现小雨(山区为雨夹雪),其中伊犁州东部、塔城地区北部、阿勒泰地区中部、乌鲁木齐市南部山区、昌吉州东部等地的局部区域出现中到大雨,昌吉州天池站出现短时暴雨(42.2 mm);北疆大部分地区和东疆出现6级左右西北阵风,风口风力9级左右;昌吉州东部、吐鲁番市、哈密市局部出现扬沙		吕新生 万瑜 周雅蔓
201731	2017051114—2017051314	中弱	北疆大部分地区、哈密市北部和喀什地区、克州、阿克苏地区北部、巴州北部等地的局部区域出现小雨,其中伊犁州山区、乌鲁木齐市、昌吉州山区、哈密市北部山区等地的部分区域出现中到大雨,山区局地暴雨;上述大部分地区出现4～5级西北风,风口风力9级左右;博州、石河子市、昌吉州、乌鲁木齐市、吐鲁番市、哈密市、和田地区等地的部分区域出现扬沙	5月11日午后,洪水造成伊犁州尼勒克县部分房屋、道路毁坏、牲畜受灾。短时强降水引发特克斯县局地山洪及滑坡、泥石流,造成牧道损毁、牲畜死亡。5月11日,大风造成塔城地区乌苏市、博州博乐市、精河县2地州3县市部分地膜损毁、滴灌带刮断、农作物幼苗受灾	吕新生 秦贺 栾亚睿
201732	2017051708—2017051808	中弱	伊犁州大部分地区、博州、塔城地区、克拉玛依市、石河子市、昌吉州西部等地出现小雨,其中博州的部分区域中到大雨,伊犁州东部、博州西部、塔城地区南部等地的局部区域出现暴雨,博州西部局地大暴雨;上述大部分区域出现5级左右西北风,风口风力9级左右		李如琦 阿不力米提江 李海花
201733	2017051814—2017052020	强 (暴雨)	北疆大部分地区和巴州北部、吐鲁番市山区、哈密市等地的部分区域出现小雨,其中伊犁州、博州、塔城地区、克拉玛依市、石河子市、乌鲁木齐市山区、昌吉州等地的部分区域中到大雨,伊犁州东部南部和博州、塔城地区南部、石河子市南部山区、乌鲁木齐市山区、昌吉州西部山区等地的局部区域出现暴雨,伊犁州南部东部、博州西部、塔城地区南部山区局地大暴雨,最大降水中心伊犁州新源吐尔根累计降雨95.6 mm;全疆大部分地区先后出现5级左右西北风(南疆东部为偏东风)、阵风7～8级,风口风力10～12级;巴州南部、和田地区和喀什地区、阿克苏地区、吐鲁番市等地的局部区域出现扬沙或沙尘暴,且末出现强沙尘暴	5月18日21时至19日08时,暴雨洪水造成伊犁州昭苏县、特克斯县、新源县,博州博乐市,房屋受损,农物、草场林地受损、牲畜死亡。5月18日夜间至5月19日白天,大风造成克州阿图什市部分农作物、楼房保温层、广告牌受损。5月20日19时至21日00时,雷雨、大风、冰雹造成阿克苏地区库车县10乡镇棉花、小麦、玉米等农作物受灾	李如琦 赵凤环 阿不力米提江

续表

序号	起止时间 (年月日时)	过程强度	天气实况描述	影响及灾情描述	首席、审核、制作人
201734	2017052514—2017052908	中度	伊犁州、博州、塔城地区、石河子市、乌鲁木齐市、昌吉州和阿勒泰地区东部、巴州北部、吐鲁番市、哈密市等地的部分区域出现小雨,其中伊犁州和博州、塔城地区南部、乌鲁木齐市山区、昌吉州山区等地的部分区域中到大雨,伊犁州的部分区域和塔城地区南部山区局部区域出现暴雨、局地大暴雨,过程最大降水中心伊犁州新源吐尔根站累计降雨88.8 mm;全疆大部先后出现5级左右西北或偏北风,风口风力9级左右;喀什地区、阿克苏地区、巴州等地的局部区域伴有扬沙或沙尘暴,阿合奇为强沙尘暴	5月25日、28日,冰雹造成博州精河县、温泉县农作物受灾。5月26日,暴雨洪水造成伊犁州特克斯县、察布查尔县、新源县部分房屋损坏、道路中断、水利设施受损、农作物受灾;5月27日,大风造成阿克苏地区拜城县农作物受灾	张云惠 阿不力米提江 郑育琳
201735	2017053014—2017053108	强 (沙尘暴)	北疆大部分地区和克州山区、阿克苏地区、哈密市等地的局部区域出现小雨,其中,伊犁州东部、阿勒泰地区西部、昌吉州东部等地的局部区域中雨,山区局地大到暴雨,最大降水中心昌吉州阜康市天池累计降雨25.5 mm;上述地区大部分区域和喀什地区、和田地区、阿克苏地区、吐鲁番市等地普遍出现5～6级西北风,阵风8级左右,风口风力10～12级;喀什地区、克州、和田地区、阿克苏地区、巴州南部和石河子市、昌吉州西部的局部区域出现扬沙或沙尘暴,莎车、皮山、和田等共11站出现沙尘暴,墨玉、洛浦、莎车出现强沙尘暴,最小能见度不足200 m	5月30日,大风造成乌鲁木齐市航班延误或备降、市区公共设施受损、麦盖提县农作物受灾、林果业受损;暴雨造成伊犁州特克斯县部分房屋受损,人员转移安置。5月30—31日,大风沙尘暴造成和田地区民丰县、策勒县、洛浦县、墨玉县、喀什地区麦盖提县、莎车县、阿克苏地区阿克苏市农作物受灾、林果业受损、家禽死亡	张云惠 赵凤环 孙鸣婧
201736	2017053108—2017060417	中度	阿克苏地区、巴州、和田地区和伊犁州、昌吉州、克州、喀什地区、哈密市等地的部分区域出现小到中雨,其中克州北部、阿克苏地区西部北部、巴州等地的局部区域出现大雨,山区局地暴雨,最大降水中心巴州且末阿羌乡依山干河站累计降水85.7 mm;上述地区大部分区域伴有4～5级西北风,风口风力7～8级;和田地区、巴州和阿克苏地区局部出现扬沙或沙尘暴,民丰、且末出现了强沙尘暴	5月31日,大风沙尘暴造成和田地区民丰县、巴州若羌县农作物受灾、林果业受损、公共设施损坏。6月1日,强降雨大风冰雹造成阿克苏地区拜城县农作物受灾	张云惠 牟欢 周雅蔓
201737	2017060417—2017060620	中弱	伊犁州、克州、阿克苏地区和塔城地区北部、石河子市南部山区、乌鲁木齐市南部山区、昌吉州山区、喀什地区等地的局部区域出现小雨,其中伊犁州山区、克州山区和阿克苏山区等地的部分区域出现中到大雨,山区局地暴雨;上述地区大部分区域伴有4～5级西北风,风口风力8～9级;喀什地区、和田地区局部出现扬沙	6月5日傍晚,暴雨洪涝造成伊犁州伊宁县房屋进水受损、淹没耕地、冲走牲畜、道路损毁、公共设施受损	吕新生 牟欢 孙鸣婧
201738	2017060620—2017060911	强 (暴雨)	全疆大部分地区先后出现小到中雨,其中伊犁州、博州东部、塔城地区、阿勒泰地区东部、乌鲁木齐市、昌吉州等地部分区域出现大到暴雨,伊犁州南部、乌鲁木齐市山区、昌吉州东部、阿勒泰地区东部等地局地大暴雨,最大降水中心昌吉州阜康市三工河乡天池景区马牙山站累计降雨89.6 mm;上述地区普遍出现5～6级西北风,阵风7～8级,风口风力10～12级;和田地区、巴州、吐鲁番市和阿克苏地区、石河子市的局部区域出现扬沙或沙尘暴	6月6日夜间、6月7日午后,冰雹分别造成博州温泉县和阿克苏地区阿拉尔市、阿瓦提县、温宿县、沙雅县农作物大面积严重受灾。6月6日夜间到6月7日白天,暴雨洪水造成伊犁州特克斯县、巩留县、喀什地区莎车县、阿克苏地区拜城县部分房屋受损、道路冲毁、农作物受灾、水利设施受损。6月7日至8日,大风造成塔城地区裕民县、阿勒泰地区阿勒泰市房屋受损、牲畜棚圈损毁、农作物受灾	吕新生 阿不力米提江 肉孜·阿基

续表

序号	起止时间 （年月日时）	过程强度	天气实况描述	影响及灾情描述	首席、审核、制作人
201739	2017061108—2017061208	中弱	伊犁州大部分地区、博州、塔城地区大部分区域、阿勒泰地区大部分区域、克拉玛依市、石河子市、昌吉州西部、乌鲁木齐市等地出现小雨，其中伊犁州东南部、塔城地区南部、石河子市、乌鲁木齐市等地的局部区域中到大雨，山区局地暴雨；上述大部分区域伴有4～5级西北阵风，北疆、东疆风口风力9级；阿勒泰地区、石河子市、阿克苏地区、吐鲁番市等地的局部区域出现扬沙		李如琦 赵凤环 周雅蔓
201740	2017061308—2017062220	高温 （中等）	高温天气共持续10 d；全疆64个（61.0%）国家气象站日最高气温≥35℃，其中31站日最高气温≥37℃，6站≥40℃，2站≥45℃；全疆含区域站的1740站中，共计829站日最高气温≥35℃，占47.6%，其中445站日最高气温≥37℃，64站≥40℃，12站≥45℃；6月16日的高温范围最大，当日全疆638个测站的日最高气温≥35℃，其中272站≥37℃，48站≥40℃，8站≥45℃；日最高气温极值出现在22日15时巴州且末县阿羌乡卡拉米兰河站，日最高气温为48.0℃	6月15日下午、18日傍晚、19日午后，冰雹造成伊犁州昭苏县、塔城地区沙湾县、石河子市莫索湾农作物受灾。6月19日午后，短时强降雨引发的山洪造成阿勒泰地区青河县出现房屋进水、牧道受损	陈春艳 杨霞 许婷婷
201741	2017062208—2017062408	中弱	博州、塔城地区北部、阿勒泰地区、乌鲁木齐市、阿克苏地区和伊犁州、喀什地区、和田地区、巴州等地的部分区域出现小雨，其中博州、塔城地区北部、阿勒泰地区东部、阿克苏地区、巴州北部等地的局部区域中雨，山区局地大到暴雨；上述部分区域伴有4～5级西北风，上述地区风口风力7～8级；巴州南部出现扬沙或沙尘暴	6月23日午后至夜间，暴雨洪水造成阿勒泰地区布尔津县、阿克苏地区柯坪县、温宿县房屋受损、农作物受灾，公共设施损毁。6月23日傍晚，冰雹造成塔城地区裕民县、阿克苏地区温宿县农作物受灾	张云惠 阿不力米提江 李娜
201742	2017062408—2017062720	中强 （强对流降水）	北疆大部分地区和喀什地区、克州、和田地区西部、阿克苏地区、巴州北部、吐鲁番、哈密市北部等地的部分区域出现小雨，其中伊犁州东部南部、塔城地区、阿勒泰地区、石河子市、昌吉州、乌鲁木齐市山区、喀什地区、克州、阿克苏地区西部、巴州北部、哈密市北部等地的部分区域中到大雨，局部暴雨，伊犁州东部、塔城地区、乌鲁木齐市南部山区、克州山区、阿克苏西部山区、吐鲁番市北部山区等地地大暴雨，降水中心伊犁州尼勒克莫托沟累计雨量70.3 mm；上述部分区域出现5级左右西北风（巴州南部为偏东风），风口风力10级左右；和田地区、巴州南部和喀什地区、阿克苏地区的局部区域出现扬沙或沙尘暴	6月25日白天至夜间，暴雨洪水造成阿勒泰地区吉木乃县、伊犁州尼勒克县农作物受灾、部分村道损毁。24日午后至夜间，雷雨大风造成阿克苏地区阿克苏市部分香梨受灾	李如琦 牟欢 栾亚睿
201743	2017062620—2017070120	中强 （强对流天气）	北疆、喀什地区、克州、和田地区、阿克苏地区、哈密市等地的大部区域出现小到中雨，其中伊犁州、塔城地区、阿勒泰地区、喀什地区、克州、阿克苏地区、哈密市等地的部分区域及博州、昌吉州、乌鲁木齐市等地的局部区域出现大到暴雨，伊犁州南部东部、塔城地区北部、阿勒泰地区西部山区、和田地区西部山区、阿克苏地区北部山区、吐鲁番市北部山区、哈密市北部山区局地大暴雨，最大降水中心塔城地区额敏克孜黑亚村站累计降雨119.3 mm；上述大部分地区伴有4～5级西北风，北疆、东疆风口风力8级左右；和田地区、巴州南部等地的局部区域出现扬沙或沙尘暴	6月27日傍晚至7月1日，暴雨洪水造成博州温泉县、伊犁州特克斯县、阿克苏地区拜城县、阿勒泰地区哈巴河县房屋进水、农作物受灾、牲畜死亡、道路桥梁、防洪坝受损。6月28日夜间至29日白天，大到暴雨造成伊犁州新源县省道则克台段山体滑坡，1辆卡车被埋，人员死亡。6月27日20时41分，暴雨、冰雹造成伊犁州昭苏县农作物受灾	李如琦 赵凤环 阿不力米提江

续表

序号	起止时间 (年月日时)	过程强度	天气实况描述	影响及灾情描述	首席、审核、制作人
201744	2017070120—2017070620	中度	塔城地区北部、阿勒泰地区、乌鲁木齐市、喀什地区、克州、和田地区、哈密市北部和伊犁州南部、昌吉州东部、阿克苏地区西部等地的部分区域断续小雨,其中塔城地区北部、阿勒泰地北部东部、乌鲁木齐市南部山区、克州山区、喀什地区南部山区、和田地区山区等地的局部区域中到大雨,山区局地暴雨,最大降水中心和田地区于田县吐格曼巴什站累计降雨102.5 mm;上述大部分地区伴有5级左右西北风,北疆、东疆风口风力8级左右;和田地区、巴州南部、吐鲁番市等地的局部区域出现扬沙或沙尘暴	7月1日至2日,连续降雨引发的洪涝造成阿勒泰地区阿勒泰市、富蕴县、青河县房屋受损、耕地淹没、农作物受灾、道路损坏。短时强降水和大风造成塔城地区额敏县农作物受灾、牲畜死亡。7月3日傍晚,泥石流造成克州阿克陶县G314国道堵塞、车辆被困、人员滞留;3日至6日强降雨引发洪涝,造成克州阿克陶县部分乡镇停电断电、通信中断、房屋倒塌、人员转移安置、冲毁道路、农作物受灾	吕新生 赵凤环 刘成武
201745	2017070208—2017071720	高温 (强)	高温天气共持续16 d;全疆85个(81.0%)国家气象站日最高气温≥35℃,其中74站日最高气温≥37℃,34站≥40℃,4站≥45℃,全疆含区域站的1740站中,共计1253站日最高气温≥35℃,占72.0%,其中1014站日最高气温≥37℃,502站≥40℃,34站≥45℃,2站≥50℃;7月9日的高温范围最大,当日全疆1164个测站的日最高气温≥35℃,其中900站的日最高气温≥37℃,371站≥40℃,23站≥45℃;此次强高温天气过程中,日最高气温极值出现在10日18时吐鲁番市高昌区二堡乡站,日最高气温为50.6℃	7月12日拜城县铁热克镇辖区出现融雪性洪水	陈春艳 杨霞 许婷婷
201746	2017071008—2017071308	中弱	伊犁州、博州、塔城地区南部、阿勒泰地区中西部、克拉玛依市和石河子市、乌鲁木齐市、昌吉州、巴州北部等地的部分区域和喀什地区山区、阿克苏地区北部、吐鲁番市等地的局部区域出现小雨,伊犁州南部、博州西部、乌鲁木齐市南部山区、巴州北部山区等地的局部区域中到大雨;上述大部分地区伴有5级左右西北阵风,北疆、东疆风口风力8级左右;巴州南部和和田地区、阿克苏地区、吐鲁番市等地的局部区域出现扬沙或沙尘暴	7月12日至13日,大风冰雹造成博州温泉县、塔城地区沙湾县油葵、玉米等农作物受灾。7月12日13时,暴雨融雪洪水造成阿克苏地区拜城县铁克热镇多处防洪坝和道路冲毁	陈春艳 李娜 郑育琳
201747	2017071314—2017071508	中弱	北疆大部分地区、阿克苏地区和喀什地区、克州、巴州北部等地的部分区域出现小雨,其中,伊犁州东部南部和塔城地区北部、博州西部、克州山区、阿克苏地区等地的局部区域中到大雨,山区局地暴雨;上述大部分地区伴有5级左右西北风,风口风力9级左右	7月13日,冰雹造成博州温泉县油葵、玉米、小麦等农作物受灾、牲畜死亡、彩钢房屋顶损毁;暴雨洪水造成克州阿图什市多处防洪坝、水渠和道路冲毁,多间房屋和羊圈被浸泡	陈春艳 阿不力米提江 李伟
201748	2017071508—2017071920	中强 (强对流天气)	伊犁州南部、博州西部、塔城地区、阿勒泰地区西部、石河子市、乌鲁木齐市、昌吉州、喀什地区、克州、和田地区、阿克苏地区和巴州北部、吐鲁番市山区、哈密市等地的部分区域出现小雨,其中克州山区、喀什地区东部和和田地区、阿克苏地区东部、巴州北部山区等地的部分区域和博州西部、乌鲁木齐市山区、昌吉州山区等地的局部区域中到大雨,博州西部、塔城地区南部山区、乌鲁木齐市南部山区、喀什地区东部、克州、和田地区、阿克苏地区、巴州北部山区等地局部区域暴雨,最大降水中心和田地区皮山县阔什塔格乡吐格曼站累计降雨73.4 mm;上述大部分地区伴有5级左右偏西风,风口风力9~11级;和田地区、巴州南部等地局部区域出现扬沙或沙尘暴	7月16日至19日,暴雨和短时强降水造成喀什地区巴楚县、和田地区皮山县、策勒县、克州阿图什市、阿合奇县、阿克陶县房屋损毁、农作物受灾、公路中断。16日20时,降水引发的山体崩塌造成克州阿克陶县路面堵塞。7月17日夜间、19日傍晚,冰雹造成喀什地区巴楚县和伊犁州昭苏县房屋损毁、农作物受灾、林果业受损	李如琦 赵凤环 阿不力米提江

续表

序号	起止时间（年月日时）	过程强度	天气实况描述	影响及灾情描述	首席、审核、制作人
201749	2017072308—2017072620	弱	喀什地区、克州、和田地区中西部、阿克苏地区、巴州北部、乌鲁木齐市南部山区等地出现小雨，其中乌鲁木齐市南部山区、喀什地区、克州、和田地区南部山区、阿克苏地区、巴州北部山区等地的局部区域中到大雨，山区局地暴雨；上述大部分地区伴有4～5级西北风，风口风力8级左右	7月23日16时，雷雨造成克州阿图什市部分乡镇房屋损坏、个别房屋倒塌、农作物受灾、道路受损。7月25日16时，暴雨山洪泥石流造成阿克苏地区温宿县房屋受损、倒塌，人员转移安置，河堤、沟梁损坏，农作物受灾。7月25日17时至18时，大风、冰雹、降雨造成阿克苏地区阿克苏市个别乡镇农作物受灾	吕新生 万瑜 郑育琳
201750	2017072608—2017073020	高温（中度）	高温天气共持续5 d；全疆80个(81.0%)国家气象站日最高气温≥35℃，其中54站日最高气温≥37℃，25站≥40℃，3站≥45℃；全疆含区域站的1740站中，共计1076站日最高气温≥35℃，占61.8%，其中736站日最高气温≥37℃，279站≥40℃，20站≥45℃；7月28日的高温范围最大，当日全疆1003个测站的日最高气温≥35℃，其中617站日最高气温≥37℃，242站≥40℃，15站≥45℃；日最高气温极值出现在29日16时吐鲁番市高昌区二堡乡站，日最高气温为48.9℃		陈春艳 杨霞 许婷婷
201751	2017073120—2017080302	中弱	北疆大部分地区、阿克苏地区、哈密市和喀什地区、克州、吐鲁番市等地的局部区域出现小雨，其中塔城地区北部、阿勒泰地区东部、昌吉州东部、吐鲁番市东部、哈密市北部等地的局部区域中到大雨，哈密市北部局地暴雨；上述大部分区域伴有5级左右西北风，风口风力8级左右	8月1日，短时强降雨引发的洪水造成巴州轮台县个别乡镇房屋受损，涵河、沟渠损毁，公路中断，农作物受灾，林果受损	李如琦 牟欢 施俊杰
201752	2017080302—2017080714	中弱	北疆大部分地区、喀什地区、克州、和田地区、阿克苏地区等地和巴州山区、哈密市等地的部分地区出现小雨，其中，伊犁州、博州、塔城地区、乌鲁木齐市山区、昌吉州东部、克州、喀什地区山区、和田地区、阿克苏地区、巴州北部山区、哈密市等地的局部区域中到大雨，山区局地暴雨；上述大部分区域伴有5级左右偏西风，风口风力8级左右		吕新生 李娜 郑育琳
201753	2017080608—2017081120	高温（弱）	高温天气共持续6 d；全疆59个(56.2%)国家气象站日最高气温≥35℃，其中27站日最高气温≥37℃，4站≥40℃；全疆含区域站的1740站中共计766站日最高气温≥35℃，占44.0%，其中352站日最高气温≥37℃，61站≥40℃，8站≥45℃；8月8日的高温范围最大，当日全疆569个测站的日最高气温≥35℃，其中253站日最高气温≥37℃，36站≥40℃，4站≥45℃；日最高气温极值出现在11日16时吐鲁番市高昌区二堡乡站，日最高气温为45.8℃		陈春艳 杨霞 许婷婷

续表

序号	起止时间（年月日时）	过程强度	天气实况描述	影响及灾情描述	首席、审核、制作人
201754	2017081114—2017081311	中强（强对流天气）	北疆和喀什地区、克州、和田地区、阿克苏地区、巴州北部等地的部分地区出现小雨，其中伊犁州南部东部、博州、塔城地区、阿勒泰地区局部、石河子市、乌鲁木齐市、昌吉州、巴州北部等地的部分地区出现中到大雨，伊犁州、博州西部、塔城地区南部山区、乌鲁木齐市山区、昌吉州南部山区、阿克苏地区北部、巴州北部山区等地的局部区域暴雨，最大降水中心为伊犁州新源县吐尔根站累计降雨75.9 mm；阿克苏地区沙雅县、新和县和巴州轮台县相继出现冰雹，沙雅县最大冰雹直径2.5~3 cm；上述大部分地区先后出现6级左右西北或偏北风，阵风8~9级，风口风力10~12级；和田地区、阿克苏地区、巴州南部等地局部出现扬沙或沙尘暴	8月12日17时至13日01时，雷暴大风造成阿克苏地区阿克苏市、库车县部分乡镇农作物、林果受灾；冰雹造成阿克苏地区沙雅县、新和县，巴州轮台县农作物受灾、林果受损、房屋损毁、防洪堤损毁。12日17至20时，强降雨引发的洪水造成博州温泉县查干屯格乡呼斯塔村3户9人被洪水冲走，农作物受灾、牲畜丢失、防洪堤坝被冲毁	张俊兰 牟欢 李桉宇
201755	2017081320—2017081908	中度	北疆大部分地区、喀什地区、克州、阿克苏地区、巴州、吐鲁番市、哈密市等地断续出现小到中雨，其中伊犁州南部、乌鲁木齐市山区、克州、阿克苏地区、哈密市等地的部分区域和博州、塔城地区、昌吉州山区、喀什地区北部等地的局部区域大雨，伊犁州西南部山区、博州西部、昌吉州南部山区、喀什地区、阿克苏地区北部山区、巴州北部山区、吐鲁番市北部山区、哈密市等地的局部区域出现暴雨，最大降水中心喀什地区英吉沙县托普鲁克乡1村站累计降雨57.8 mm；上述部分区域伴有4~5级西北风，风口风力9级左右；和田地区、巴州南部等地出现扬沙或沙尘暴，民丰强沙尘暴	8月16日，局地暴雨洪水造成喀什地区莎车县沟渠损毁、农作物受灾、公路中断	吕新生 李娜 孙鸣婧
201756	2017081908—2017082202	中度	喀什地区、克州、阿克苏地区和阿勒泰地区、石河子市、哈密市、和田地区、巴州等地的部分区域出现小雨，其中，喀什地区东部、和田地区中西部、阿克苏地区等地的部分区域和乌鲁木齐南部山区、巴州南部局部区域中到大雨，山区局地暴雨，最大降水中心和田地区洛浦县洛浦镇累计降雨52.0 mm；上述大部分地区伴有4~5级西北风，风口风力8级左右；和田地区中东部出现扬沙或沙尘暴，民丰强沙尘暴	8月20—21日，局地暴雨洪水造成阿克苏地区温宿县、和田地区洛浦县房屋损坏、农田淹没、公路中断、防洪坝冲毁。8月21日午后至夜间，冰雹造成阿克苏地区阿克苏市、喀什地区麦盖提县个别乡镇农作物受灾	张云惠 赵凤环 李桉宇
201757	2017082202—2017082520	中度	伊犁河谷、博州、喀什地区、克州、和田地区、阿克苏地区和塔城地区、巴州等地的局部区域出现小到中雨，其中喀什地区、克州、和田地区、阿克苏地区等地部分区域和伊犁州局部区域出现大雨，伊犁州南部山区、喀什地区、克州、和田地区、阿克苏地区等地的局部区域出现暴雨，喀什地区、阿克苏地区等地局地大暴雨，最大降水中心阿克苏地区温宿县博墩乡库尔归鲁克站累计降雨118.5 mm；上述大部分地区伴有4级左右偏西风，风口风力7级左右	8月22日10时30分，冰雹造成喀什地区岳普湖县个别乡镇农作物受灾。8月22—23日，局地暴雨洪水造成喀什地区喀什市、阿克苏地区温宿县、拜城县房屋损坏、农作物受灾、林果受损、沟渠损毁。25日18时50分至20时，强降雨引发的山洪泥石流造成阿克苏地区温宿县北部河堤、沟渠损毁、农作物受灾	李如琦 赵凤环 马超

续表

序号	起止时间（年月日时）	过程强度	天气实况描述	影响及灾情描述	首席、审核、制作人
201758	2017082520—2017082908	弱	伊犁州、博州和塔城地区北部、阿勒泰地区东部、乌鲁木齐市山区、克州山区、阿克苏地区、哈密市北部等地的部分区域出现小雨,其中伊犁州南部、乌鲁木齐市山区、克州山区、阿克苏地区山区等地的局部区域出现中到大雨;上述部分区域伴有4~5级西北阵风,风口风力7级左右	8月26日23时50分至27日01时,冰雹造成阿克苏地区温宿县个别乡镇农作物受灾	张俊兰 牟欢 郑育琳
201759	2017082908—2017083122	弱	伊犁州南部、乌鲁木齐市山区、昌吉州东部、克州、阿克苏地区、哈密市等地的部分区域和博州、塔城地区、喀什地区、吐鲁番市等地的局部区域出现小雨,其中克州山区、哈密市北部等地的局部区域出现中到大雨;上述部分区域伴有5级左右西北阵风,风口风力7级左右;和田地区、巴州南部、哈密市等地局部出现扬沙		张俊兰 牟欢 李桉孛
201760	2017090705—2017090902	中弱	塔城地区、阿勒泰地区大部分区域、阿克苏地区东部和伊犁州东部、乌鲁木齐市山区、巴州北部、哈密市北部等地的局部区域出现小雨,其中塔城地区北部、阿勒泰地区西部等地的局部区域中到大雨,山区局地暴雨;北疆大部分地区和巴州北部普遍出现5级左右西北阵风,风口风力9级左右;阿勒泰地区东部、石河子市、乌鲁木齐市、吐鲁番市等地的局部出现扬沙		张云惠 秦贺 李桉孛
201761	2017091020—2017091320	中度	博州、塔城地区北部、阿勒泰地区和伊犁州、克拉玛依市、石河子市南部山区、昌吉州、阿克苏地区北部、巴州北部山区、哈密市北部等地的部分区域出现小雨,其中塔城地区北部、阿勒泰地区和博州、克拉玛依市、巴州北部山区等地的局部出现中到大雨,塔城地区北部、克拉玛依市山区等地局地暴雨,最大降水中心塔城地区托里县乌雪特站累计降雨49.2 mm;全疆大部分地区先后出现5级左右西北风,风口风力10级左右;北疆偏西偏北地区气温下降5~8℃,塔城地区北部降温10℃以上	9月11日16时06分至16时50分,短时强降雨造成博州博乐市部分乡镇房屋损坏、农作物受灾	李如琦 李娜 周雅蔓
201762	2017091408—2017091720	弱	乌鲁木齐市南部山区、喀什地区、克州、阿克苏地区、巴州北部山区等地的部分地区和阿勒泰地区东部局部出现小雨,其中乌鲁木齐市南部山区、克州山区、巴州北部山区等地的局部区域出现中到大量的雨转雨夹雪或雪,局地暴雨(雪)		李如琦 牟欢 李桉孛
201763	2017091905—2017092014	弱	阿勒泰地区大部分区域和克州、阿克苏地区西部等地的部分区域出现小雨,克州山区局部中到大雨;北疆部分区域和南疆偏西地区伴有5级左右西北阵风,风口风力8级左右		张云惠 秦贺 栾亚睿
201764	2017092105—2017092305	弱	阿勒泰地区大部分区域、克州和喀什地区、阿克苏地区等地的部分区域出现小雨,其中喀什地区、克州、阿克苏地区等地的局部区域中到大雨(山区为雪),克州山区局地暴雨;上述地区伴有4级左右西北阵风,风口风力6~7级		张云惠 李娜 周雅蔓

序号	起止时间 （年月日时）	过程强度	天气实况描述	影响及灾情描述	首席、审核、制作人
201765	2017092308—2017092509	中强 （大风降温）	伊犁州南部东部、塔城地区北部、阿勒泰地区、石河子市、乌鲁木齐市、昌吉州和哈密市南部局地出现小雨（山区为雨夹雪或雪），其中伊犁州东部、塔城地区北部、阿勒泰地区等地的局部区域出现中到大雨，局地暴雨，最大降水中心伊犁州新源县恰普河牧业村站累计降水47.5 mm；北疆大部分地区、东疆出现6级左右西北风，风口风力11～12级；北疆大部分地区、东疆北部气温下降8～10℃，部分区域出现寒潮，北疆大部分地区和哈密市北部出现不同程度的霜冻		张云惠 牟欢 孙鸣婧
201766	2017092820—2017100117	中度	北疆大部分地区和阿克苏地区西部、巴州北部、哈密市北部等地的部分区域出现小雨，其中伊犁州、博州、塔城地区、阿勒泰地区等地的部分区域和石河子市、昌吉州东部的局部区域出现中到大雨（山区为雨夹雪或雪），伊犁州东部、博州西部、阿勒泰地区西部等地局地出现暴雨，最大降水中心博州温泉县查干屯格乡大库斯台沟站累计降雨45.8 mm；北疆大部分地区、东疆和南疆部分区域出现5级左右西北风（巴州南部为偏东风），风口风力10～12级		张俊兰 赵克明 施俊杰
201767	2017100314—2017100720	中度	北疆大部分地区、哈密市北部和喀什地区、克州、巴州北部等地的局部区域出现雨转雨夹雪或雪，其中塔城地区北部、阿勒泰地区、乌鲁木齐市、昌吉州、哈密市北部等地和伊犁州、克州等地的局部区域出现中到大量的雨夹雪或雪，伊犁州西北部、阿勒泰地区西部、哈密市北部山区局地达暴量，最大降水中心阿勒泰地区布尔津县贾登峪站累计降雨61.5 mm；上述地区大部分区域出现4～5级西北风，风口风力9～10级；巴州南部出现扬沙或沙尘暴；北疆大部分地区、哈密市降温5～8℃，塔城地区北部、阿勒泰地区、哈密市北部的局部降温10℃以上，出现寒潮、霜冻		张云惠 牟欢 肉孜·阿基
201768	2017100708—2017100914	中弱	喀什地区、克州、和田地区、阿克苏地区、巴州等地的部分区域和博州、乌鲁木齐市、昌吉州东部等地的局部区域出现小雨（山区为雨夹雪或雪），其中喀什地区、和田地区、阿克苏地区、巴州等地的局部区域中到大雨，局地暴雨；上述部分区域伴有4～5级西北风，风口风力9级左右	10月6—9日，持续降雨造成阿克苏地区阿拉尔市部分团场农作物受灾、林果受损	张俊兰 李娜 施俊杰
201769	2017101902—2017102020	中弱	伊犁州、博州西部、塔城地区、阿勒泰地区、石河子市、乌鲁木齐市、昌吉州和克州山区、哈密市北部的局部区域出现小雨（山区为雨夹雪或雪），其中塔城地区北部、昌吉州东部等地的部分区域出现中到大雨，局地暴雨；上述地区大部分区域出现5～6级西北风，风口风力9级左右		吕新生 万瑜 孙鸣婧

续表

序号	起止时间 (年月日时)	过程强度	天气实况描述	影响及灾情描述	首席、审核、制作人
201770	2017102508—2017102820	中度	伊犁州北部东部、塔城地区北部、阿勒泰地区、石河子市、乌鲁木齐市、昌吉州、哈密市北部出现雨或雨转雪,其中伊犁州北部东部、阿勒泰地区等地的部分区域和塔城地区南部、石河子市等地的局部区域中雨,伊犁州东部山区、昌吉州东部山区局地大到暴雨(或雨转雪),最大降水中心昌吉州木垒县大石头站累计降水 35.7 mm;上述地区大部分区域出现 5 级左右西北风,风口风力 10~12 级;北疆大部分区域气温下降 5~8℃,其中塔城地区北部、阿勒泰地区、昌吉州东部、哈密市北部等地气温下降 10~12℃,出现寒潮	10月27日,冻雾造成乌鲁木齐市地窝堡国际机场航班延误77架次、旅客滞留7300人	张云惠 赵克明 李桉孛
201771	2017110323—2017110517	中度	北疆大部分地区和克州山区、哈密市北部局部出现小雨,其中伊犁州南部东部、石河子市、乌鲁木齐市、昌吉州等地的部分区域出现中到大雨(山区为雪),上述地区普遍出现 4~5 级西北风,风口风力 8 级左右		张俊兰 赵克明 郑育琳
201772	2017110614—2017110820	中弱	北疆大部分地区和哈密市的部分区域出现小雨,其中伊犁州的部分区域和博州东部、塔城地区北部、石河子市北部、昌吉州东部、乌鲁木齐市等地的局部区域中到大雨(山区为雪),上述地区普遍出现 4~5 级西北风,风口风力 8 级左右		李如琦 张超 孙鸣婧
201773	2017111005—2017111214	中度	北疆大部分地区和克州山区、阿克苏地区南部、哈密市北部等地的局部区域出现小雨转雪,其中伊犁州大部分地区、塔城地区北部、阿勒泰地区中东部、乌鲁木齐市南山、昌吉州东部等地的局部出现中到大雨转雪,阿勒泰地区北部山区、哈密市北部山区局地暴雪,最大降雪中心哈密市巴里坤县前山乡站累计降雪 19.1 mm;上述大部分区域伴有 4~5 级西北风,风口风力 9 级左右;伊犁州、塔城地区北部、阿勒泰地区、昌吉州东部等地气温下降 5~8℃	11月10日,冻雾造成乌鲁木齐市、地窝堡国际机场航班延误53架·次、旅客滞留5000余人	张云惠 秦贺 施俊杰
201774	2017111520—2017111720	中度	伊犁州、博州、塔城地区、石河子市、乌鲁木齐市、昌吉州、巴州北部山区、哈密市北部出现降雪,其中,伊犁州、博州、塔城地区南部、石河子市、乌鲁木齐市、昌吉州等地的部分区域出现中到大雪,塔城地区西部山区、乌鲁木齐市局地暴雪,最大降雪中心出现在乌鲁木齐市城区累计降雪 13.6 mm;北疆、东疆风口 7~8 级西北风	11月16日07时40分至17日13时,暴雪、风吹雪造成乌鲁木齐市部分国道和绕城高速实施交通临时管制,地窝堡国际机场进出港航班取消、延误或备降	张云惠 赵克明 李海花
201775	2017111908—2017112017	弱	塔城地区北部、阿勒泰地区大部分区域和伊犁州、昌吉州东部等地的部分区域出现小雪,上述部分地区伴有 4~5 级西北风,风口风力 8 级左右		吕新生 秦贺 施俊杰
201776	2017112708—2017112908	弱	伊犁州、博州、塔城地区大部分区域和石河子市、昌吉州东部、喀什地区、巴州、哈密市北部等地的局部区域出现小雪,其中伊犁州西部和塔城地区的局部出现中到大雪,上述地区风口 8 级左右西北风		张俊兰 赵凤环 孙鸣婧

续表

序号	起止时间（年月日时）	过程强度	天气实况描述	影响及灾情描述	首席、审核、制作人
201777	2017120220—2017120620	弱	伊犁州和博州东部、塔城地区北部、阿勒泰地区西部、克州山区等地的部分区域出现小雪，克州山区的局部区域中到大雪		李如琦 阿不力米提江 赵亚蕾
201778	2017121308—2017121420	弱	伊犁州北部、博州、塔城地区南部、阿勒泰地区、石河子市、克拉玛依市、乌鲁木齐市、昌吉州等地的部分区域及喀什地区南部山区局部出现小雪，东疆风口7级左右西北风		吕新生 赵凤环 李桉孛
201779	2017121508—2017121714	中弱	喀什地区、克州、和田地区、阿克苏地区、巴州北部等地的大部分区域和博州、塔城地区、阿勒泰地区西部、乌鲁木齐市、吐鲁番市等地的局部区域出现小雪，喀什地区、克州局部出现中雪；塔城地区托里老风口和玛依塔斯风区、阿勒泰地区闹海风区出现7级左右偏东风		吕新生 秦贺 周雅蔓
201780	2017122102—2017122305	弱	伊犁州、塔城地区北部、阿勒泰地区和博州东部、昌吉州、乌鲁木齐市、哈密市北部等地的局部区域出现小到中雪，伊犁州西北部出现大雪		张云惠 李娜 赵亚蕾
201781	2017122608—2017122908	强（暴雪）	北疆和哈密市北部、克州山区局部出现小到中雪，其中伊犁州、塔城地区北部、石河子市、乌鲁木齐市、昌吉州、克州山区等地的部分区域出现大雪，伊犁州南部、塔城地区南部、阿勒泰地区西部、乌鲁木齐市、昌吉州等地的局部区域出现暴雪，局地大暴雪，最大降雪中心昌吉州天池站累计降雪27.2 mm；上述地区大部分区域和喀什地区、阿克苏地区等地出现6～7级西北风，阵风8级左右，风口风力10～12级；喀什地区、克州等地的部分区域和阿克苏地区西部局部区域出现扬沙或沙尘暴；北疆大部分区域降温5～8℃，北疆偏西偏北的局部区域降温10℃以上，出现寒潮	12月26—28日，大风造成伊犁州察布查尔县、克拉玛依市、喀什地区喀什市、伽师县、岳普湖县、巴楚县、疏附县、疏勒县、克州阿图什市、阿克苏地区温宿县5地州市10县、市房屋受损；市政设施、蔬菜大棚、牲畜棚圈受损，树木刮断。26—29日，暴雪造成乌鲁木齐市地窝堡国际机场部分航班取消、延误、备降；中小学生、幼儿园停课1 d；塔城地区托里县房屋损坏、牲畜死亡	张俊兰 赵克明 栾亚睿

第3章 2017年天气过程图、表(中等及以上强度过程)

3.1 2月4日05时至7日08时天气过程

3.1.1 天气过程表

起止时间	2017年2月4日05时至7日08时	
天气强度	中强(北疆、东疆降温明显)	
影响系统及其演变	影响系统:高空——西西伯利亚低槽、中亚低槽、强锋区;地面——冷高压、冷锋 演变特征:过程前3日20时500 hPa欧亚范围内为两槽两脊的经向环流,欧洲和新疆到中西伯利亚为高压脊区,东亚沿岸和西西伯利亚为低槽活动区,西西伯利亚低槽槽底南压至40°N,中亚有一低槽与其同位相,4—6日随着北欧脊东南落,推动西西伯利亚低涡逆转东北移,与此同时里海脊发展东移,西西伯利亚低槽底部锋区明显加强,低槽底部强锋区与部分东北移中亚槽合并东移,引导西方路径冷高压、冷锋东移共同影响北疆,造成北疆风雪降温天气,5—6日中亚槽部分东移进入南疆与回流东灌冷空气东西夹攻造成南疆西部风雪天气	
灾害性天气	寒潮	伊犁州、塔城地区北部、阿勒泰地区、博州、乌鲁木齐市、昌吉州、哈密市北部等地31站出现寒潮,其中,25站出现强寒潮,11站出现特强寒潮,日最大降温中心为6—7日昌吉州蔡家湖站,降温17.3℃,过程最强降温中心为塔什库尔干站,降温21.1℃
	大风	北疆、东疆等地风口地区共53站出现8级以上西北或偏北大风,后山金矿站出现12级以上大风,瞬间极大风速36.2 m/s

3.1.2 天气过程图

①天气实况图

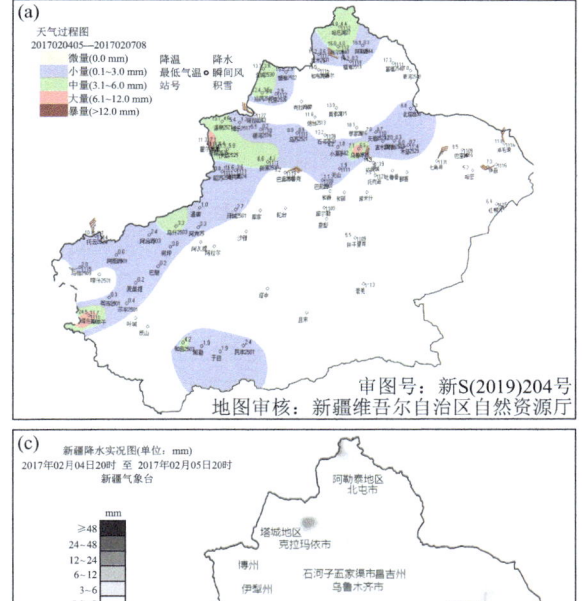
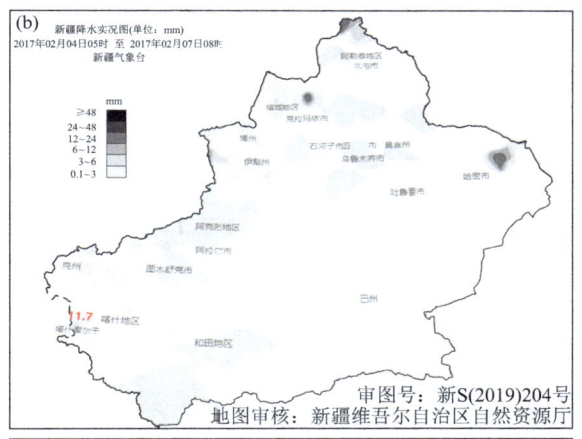
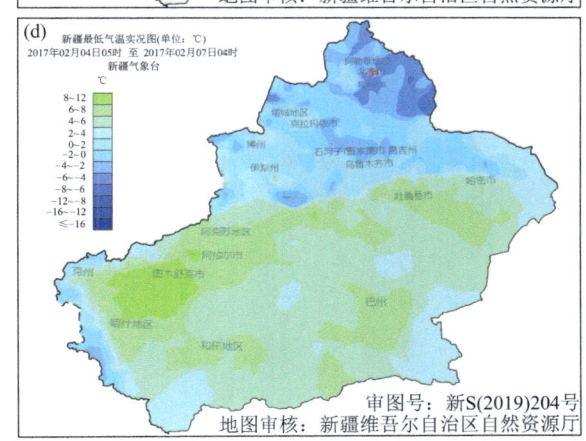

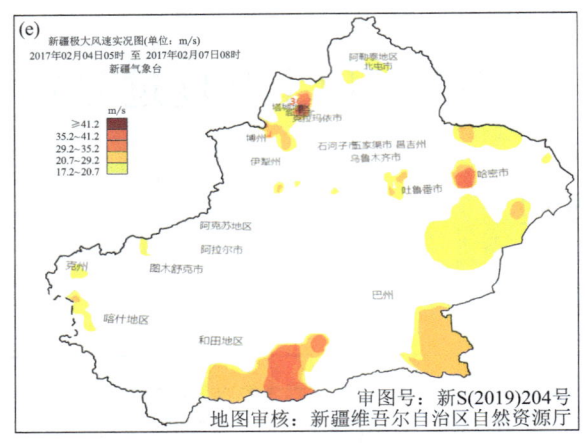
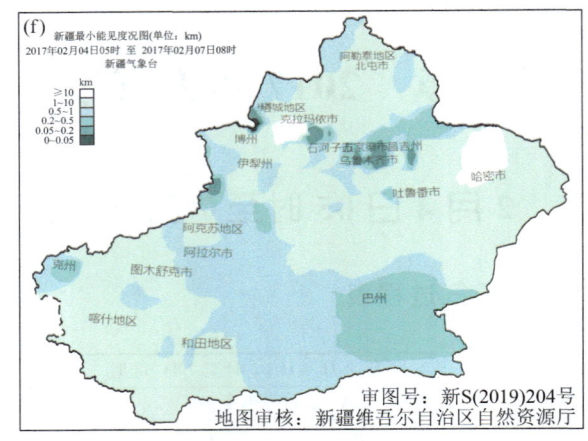

图 3.1　2017 年 2 月 4—7 日天气实况

(a)累计降水(国家站,单位:mm),(b)累计降水(含区域站,单位:mm),(c)单日最强降水(单位:mm),
(d)过程最低气温(单位:℃),(e)过程极大风速(单位:m/s),(f)过程最小能见度(单位:km)

②环流形势图

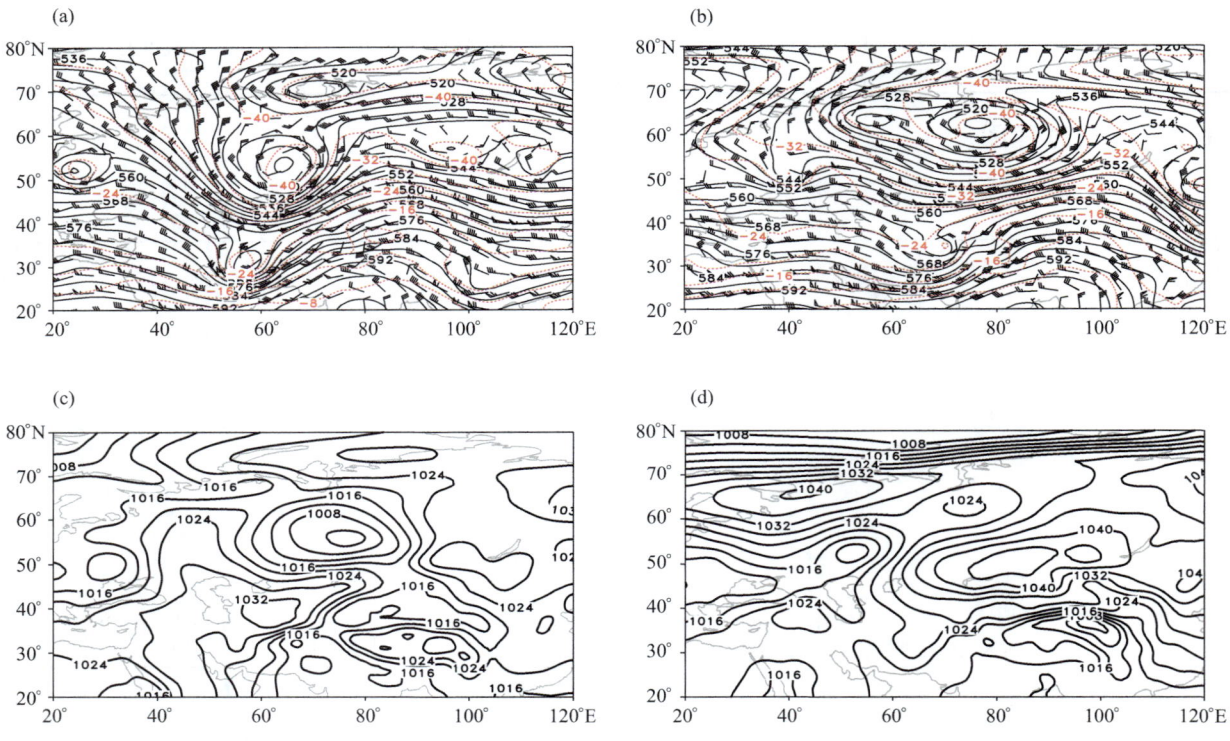

图 3.2　2017 年 2 月 3—6 日环流形势

(a)2017 年 2 月 3 日 20 时 500 hPa 形势,(b)2017 年 2 月 5 日 08 时 500 hPa 形势,
(c)2017 年 2 月 4 日 08 时海平面气压场,(d)2017 年 2 月 6 日 08 时海平面气压场

3.2 2月18日20时至21日14时天气过程

3.2.1 天气过程表

起止时间	2017年2月18日20时至21日14时	
天气强度	强(寒潮暴雪)	
影响系统及其演变	影响系统：高空——高空槽、中亚槽、高空急流、低空急流；地面——冷高压、冷锋演变特征：18日20时500 hPa极锋锋区位置偏南,压至60°N附近,中纬度两槽两脊,欧洲、新疆为高压脊,鄂木斯克至咸海和东亚沿岸为槽区,鄂木斯克至咸海槽与东北移中亚槽叠加东移,受地形影响叠加槽分段进入新疆,北段受极锋锋区上东南移的冷空气补充加强进入北疆与进入南疆盆地的槽前西南气流交汇于中天山附近,与300 hPa西南高空急流、地面冷锋共同影响造成中天山北坡大范围暴雪天气,向山的850 hPa西北急流为暴雪增幅；20日极锋锋区上伴随−41℃冷中心的冷槽快速东南下进入北疆,引导西方路径强度增强为1047.5 hPa冷高压快速进入北疆,造成北疆大部寒潮	
灾害性天气	寒潮	北疆44站出现寒潮,其中,伊犁州、博州西部、塔城地区北部、阿勒泰地区东部、石河子市、昌吉州22站出现强寒潮,伊犁州、塔城地区北部、阿勒泰、石河子市、昌吉州等地15站出现特强寒潮。日降温幅度最大为阿勒泰地区青河站,20—21日降温15.7℃,过程最强降温中心为阿勒泰地区阿克达拉站,过程降温达22℃
	暴雪	过程最大降雪中心乌鲁木齐站,累计降雪25.8 mm。石河子到木垒的天山北坡和伊犁州、阿克苏地区东部、巴州北部、哈密市北部等地的局部区域共24站出现暴雪,2站大暴雪。国家站伊宁县、巩留、新源、石河子、乌兰乌苏、玛纳斯、米泉、小渠子、白杨沟、天池、阜康、吉木萨尔、奇台、木垒、库尔勒15站暴雪、乌鲁木齐(25.8 mm)、沙雅(25.0 mm)2站大暴雪
	大风	全疆大部分地区出现6级左右西北风(南疆东部为偏东风),8级以上共226站,12级以上大风9站,极大风速出现在塔城地区托里县后山金矿站38.5 m/s
	沙尘暴	19—20日,喀什地区、和田地区、巴州出现扬沙或沙尘暴,其中铁干里克、尉犁、若羌3站出现沙尘暴,若羌县最小能见度300 m,出现了强沙尘暴

3.2.2 天气过程图

①天气实况图

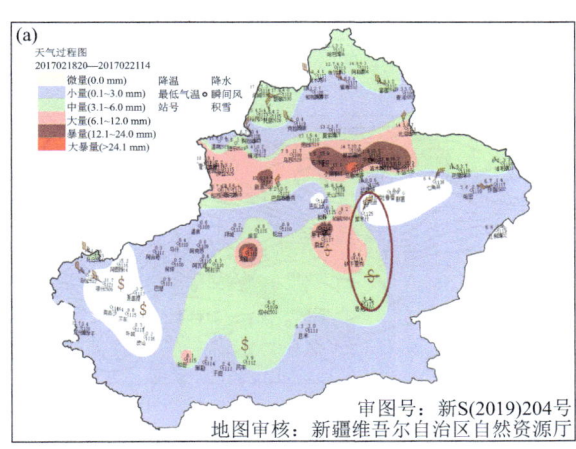

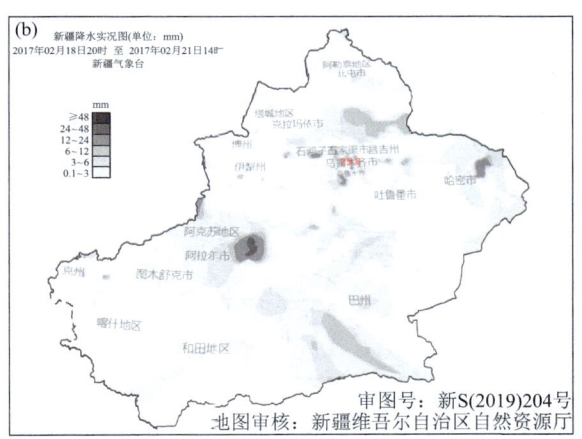

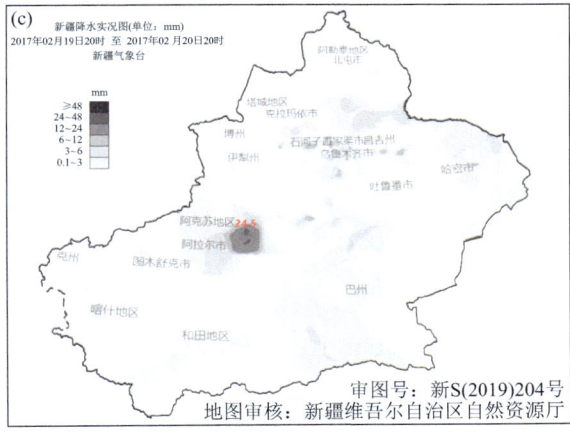

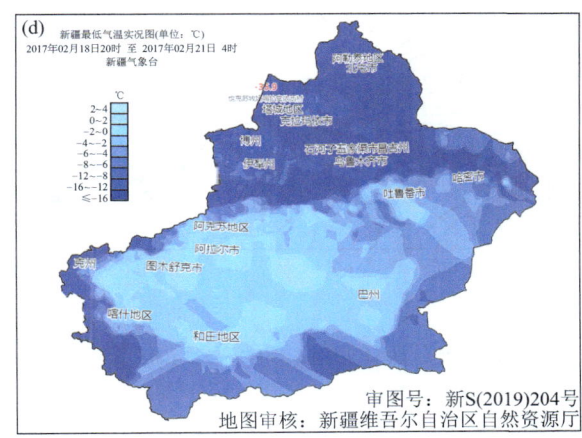

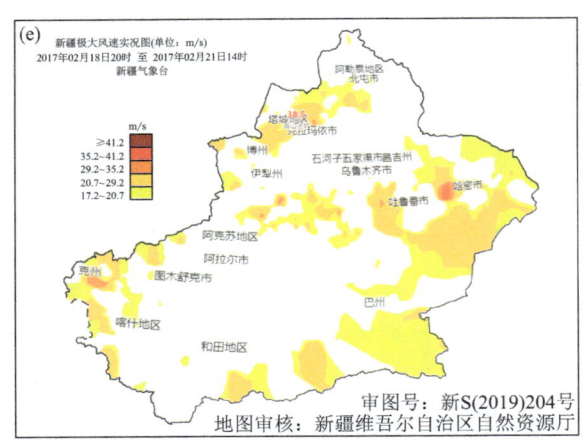
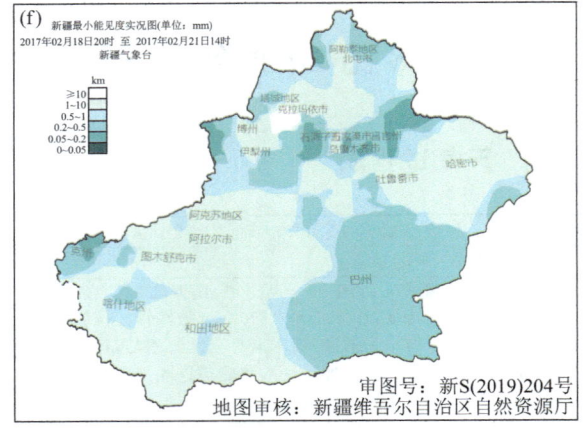

图 3.3　2017 年 2 月 18—21 日天气实况

(a)累计降水(国家站,单位:mm),(b)累计降水(含区域站,单位:mm),(c)单日最强降水(单位:mm),
(d)过程最低气温(单位:℃),(e)过程极大风速(单位:m/s),(f)过程最小能见度(单位:km)

② 环流形势图

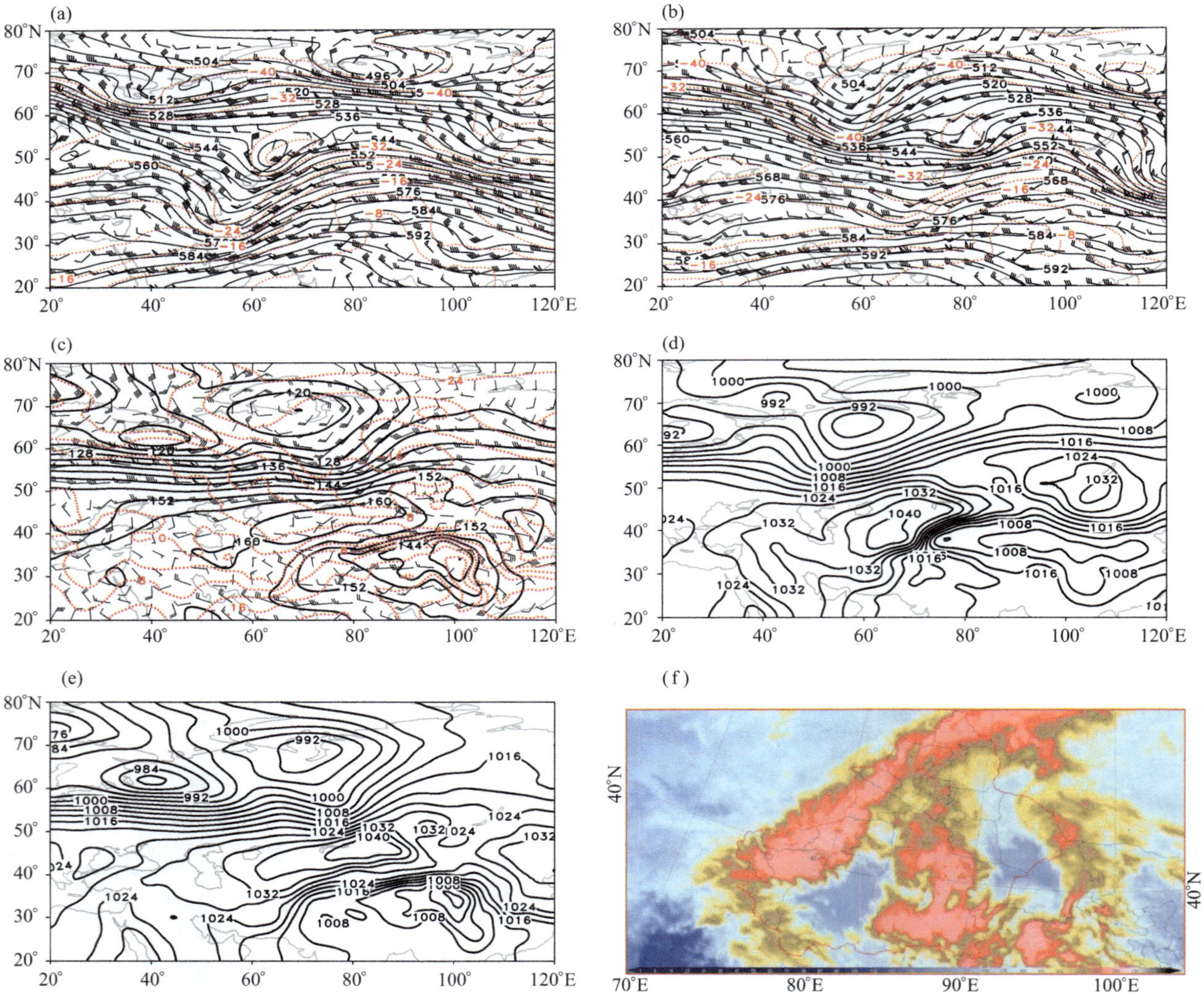

图 3.4　2017 年 2 月 18—20 日环流形势

(a)2017 年 2 月 18 日 20 时 500 hPa 形势,(b)2017 年 2 月 19 日 08 时 500 hPa 形势,(c)2017 年 2 月 20 日 14 时 500 hPa 形势,
(d)2017 年 2 月 19 日 14 时海平面气压场,(e)2017 年 2 月 20 日 14 时海平面气压场,(f)2017 年 2 月 19 日 21 时卫星云图

3.3　2月21日02时至22日14时天气过程

3.3.1　天气过程表

起止时间	2017年2月21日02时至22日14时
天气强度	中度
影响系统及其演变	影响系统：高空——中亚槽；地面——冷高压 演变特征：500 hPa中低纬为纬向环流、其上多波动，中亚为一槽区，21日夜间中亚槽东移从南疆西部进入盆地，与此同时，极锋锋区在新疆和蒙古国界处有一冷槽，受其影响进入东疆的冷空气回流"东灌"从南疆东部进入盆地，高空东移槽与低层回流"东灌"的偏东气流"东西夹攻"共同影响造成南疆西部暴雪
灾害性天气	暴雪	过程降雪中心克州阿图什站，累计降雪18.3 mm。克州、喀什地区北部4站暴雪。国家站阿图什、喀什、乌恰3站暴雪

3.3.2　天气过程图

①天气实况图

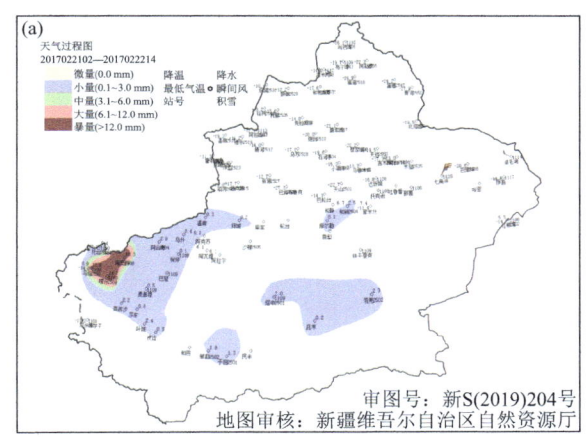

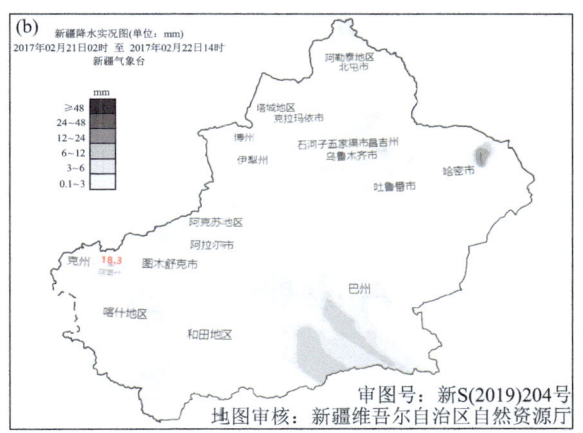

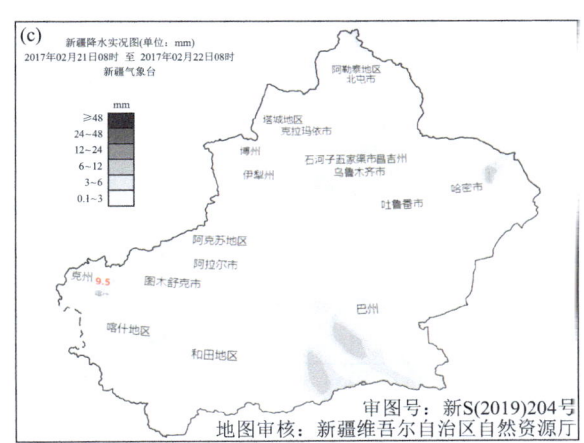

图3.5　2017年2月21—22日天气实况

(a)累计降水(国家站,单位:mm)，(b)累计降水(含区域站,单位:mm)，(c)单日最强降水(单位:mm)

②环流形势图

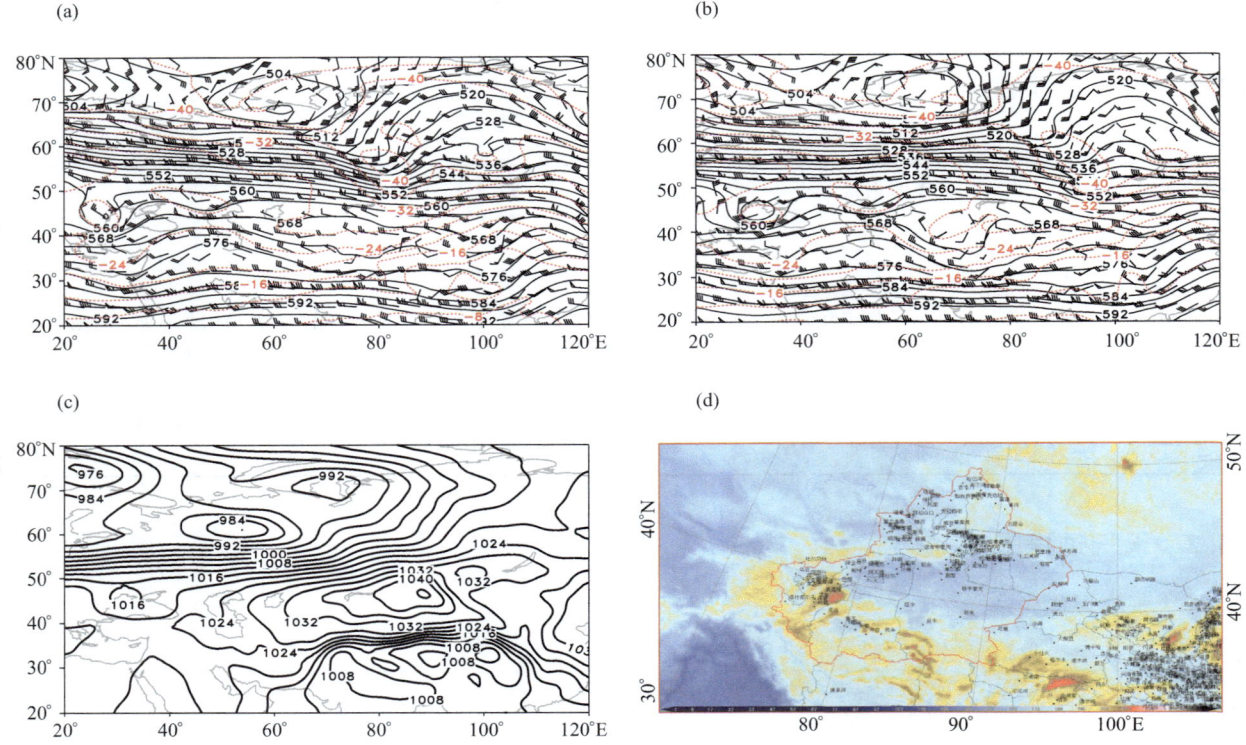

图3.6 2017年2月20—22日环流形势

(a)2017年2月20日20时500 hPa形势,(b)2017年2月21日08时500 hPa形势,
(c)2017年2月21日02时海平面气压场,(d)2017年2月22日07时卫星云图

3.4　3月3日02时至6日17时天气过程

3.4.1　天气过程表

起止时间	2017年3月3日02时至6日17时	
天气强度	中度	
影响系统及其演变	影响系统:高空——中亚低涡(槽);地面——冷高压、冷锋 演变特征:500 hPa欧亚范围中高纬度为两槽一脊的经向环流,主导系统为里海—咸海高压脊,影响系统为中亚低涡(槽)。3日至4日里海—咸海高压脊先是脊顶顺转,中亚低槽切断为中亚低涡,之后主导脊向东北方向发展为两根等高线的阻塞高压,与中亚低涡形成为北脊南涡的环流形势,稳定少动,受中亚低涡不断分裂短波东移影响,造成南疆西部局地大暴雪	
灾害性天气	暴雪	过程最大降雪中心克州乌恰站,累计降雪41.5 mm。克州出现持续降雪天气,国家级气象站乌恰站暴雪
	大风	北疆、东疆等风口地区共27站出现8级以上西北或偏北大风,最大风速出现在塔城地区裕民县阿勒腾也木勒乡32 m/s

3.4.2　天气过程图

①天气实况图

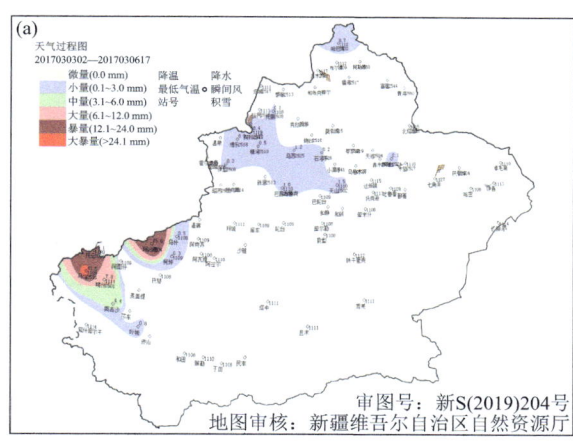
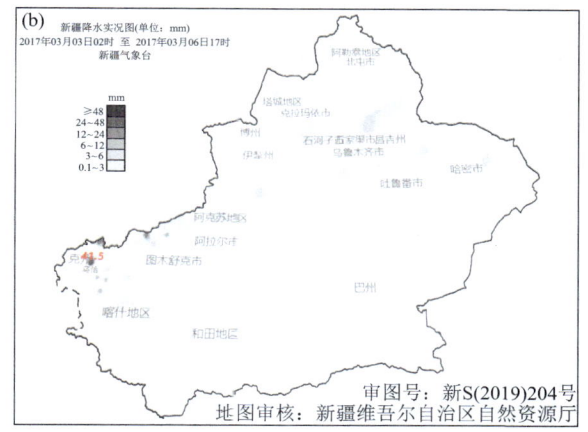
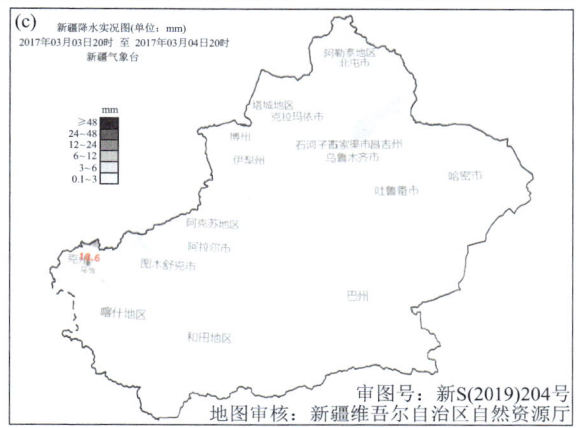

图 3.7　2017 年 3 月 3—6 日天气实况

(a)累计降水(国家站,单位:mm),(b)累计降水(含区域站,单位:mm),(c)单日最强降水(单位:mm)

②环流形势图

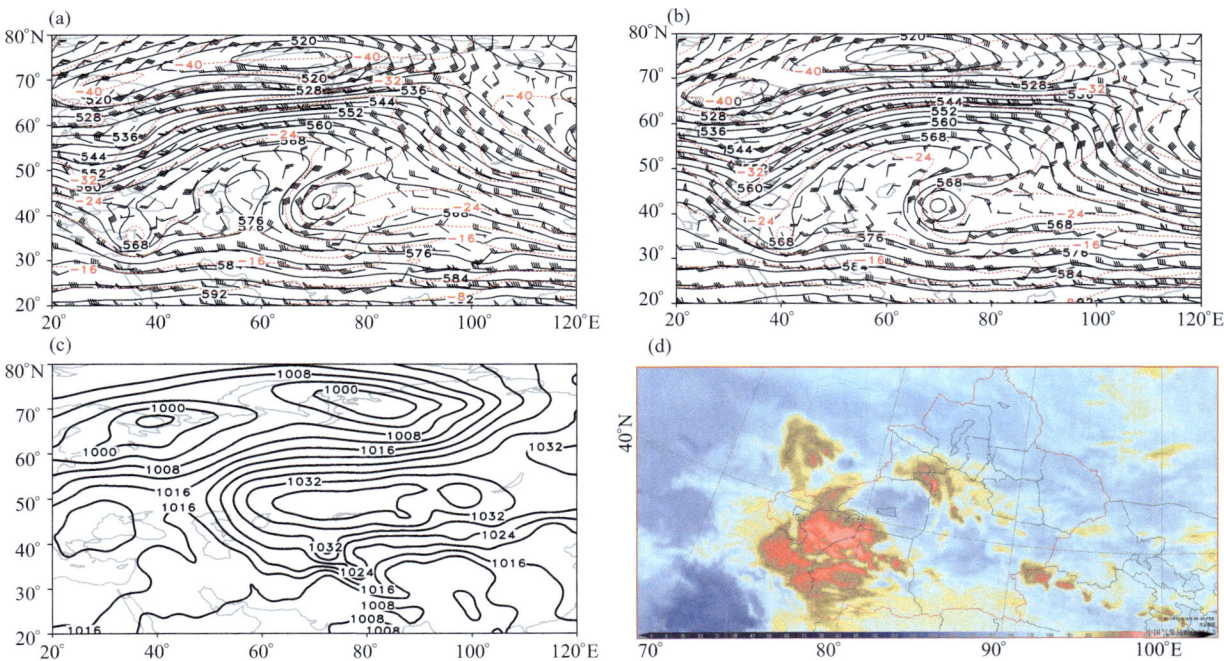

图 3.8　2017 年 3 月 3—4 日环流形势

(a)2017 年 3 月 3 日 20 时 500 hPa 形势,(b)2017 年 3 月 4 日 08 时 500 hPa 形势,
(c)2017 年 3 月 4 日 08 时海平面气压场,(d)2017 年 3 月 4 日 08 时卫星云图

3.5 3月17日05时至22日20时天气过程

3.5.1 天气过程表

起止时间	2017年3月17日05时至22日20时	
天气强度	中度	
影响系统及其演变	影响系统：高空——中亚低涡、高空急流、中空急流、切变线；地面——冷锋、冷高压演变特征：500 hPa，欧亚范围为两槽两脊的经向环流，乌拉尔山与中国东北地区为高压脊，欧洲及西伯利亚地区为低槽活动区，西伯利亚低槽槽底东南伸至咸海至巴尔喀什湖之间。随着乌拉尔山脊加强，脊顶东伸，冷空气沿脊前东北气流南下在巴尔喀什湖至新疆以北地区形成切断低涡，并不断加强过程中，17—19日先分裂短波进入影响北疆，20—22日乌拉尔山脊先是向东北发展然后缓慢向东南衰退，低涡在打转的过程中缓慢东南移再次影响北疆	
灾害性天气	大风	全疆部分区域先后出现4～5级西北风，共99站8级以上，极大风速出现在哈密市伊州区十三间房站32.4 m/s
	沙尘暴	巴州南部、吐鲁番市共6站出现扬沙或沙尘暴，其中塔中、铁干里克、托克逊出现沙尘暴

3.5.2 天气过程图

①天气实况图

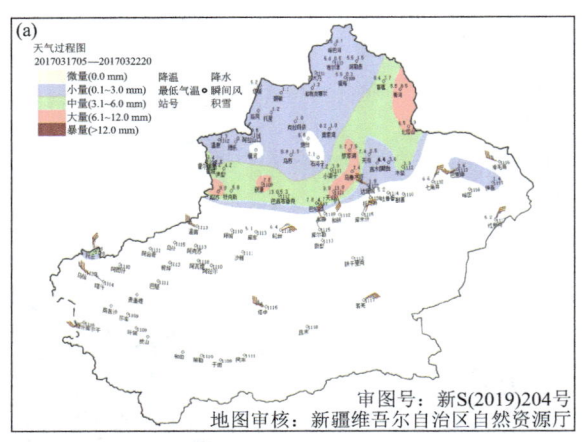

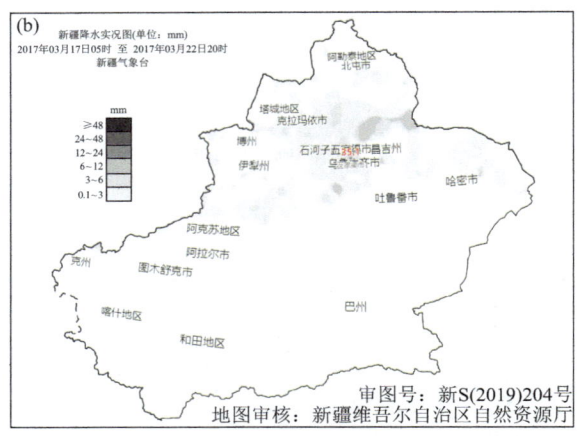

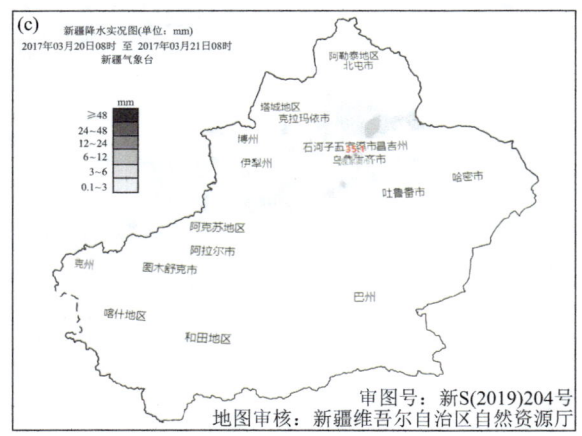

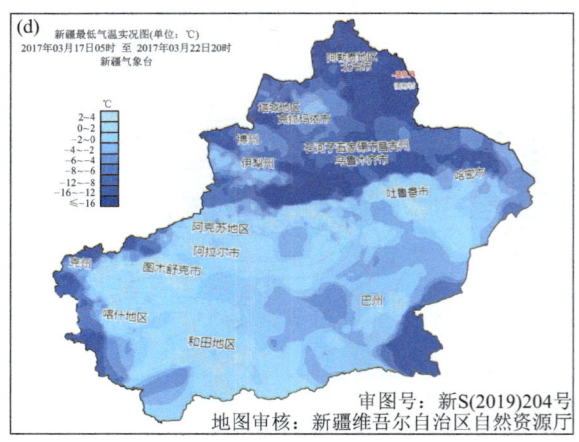

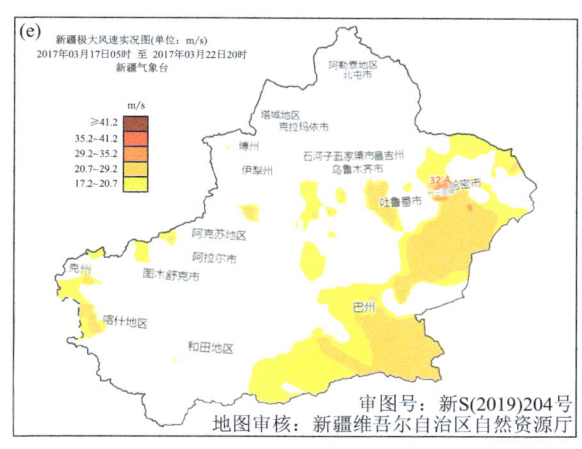
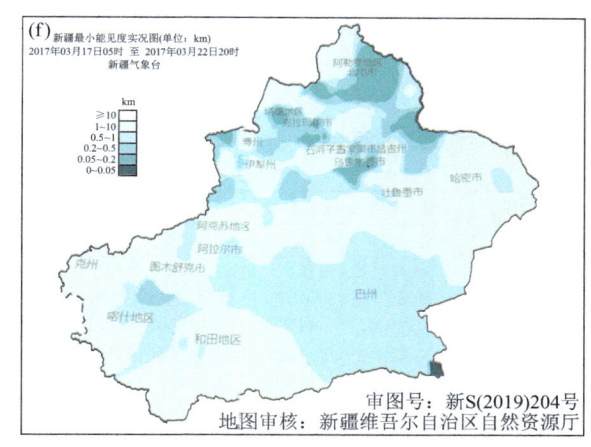

图 3.9 2017 年 3 月 17—22 日天气实况

(a)累计降水(国家站,单位:mm),(b)累计降水(含区域站,单位:mm),(c)单日最强降水(单位:mm),
(d)过程最低气温(单位:℃),(e)过程极大风速(单位:m/s),(f)过程最小能见度(单位:km)

②环流形势图

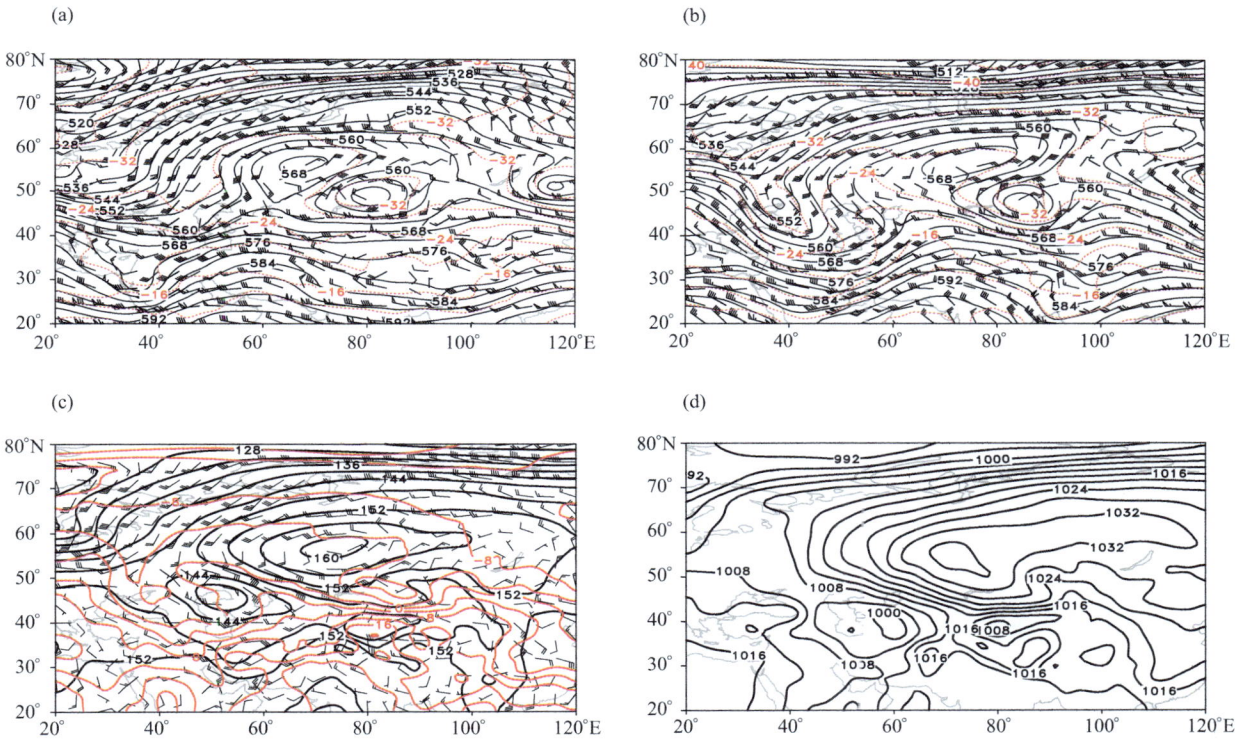

图 3.10 2017 年 3 月 18—21 日环流形势

(a)2017 年 3 月 18 日 20 时 500 hPa 形势,(b)2017 年 3 月 21 日 20 时 500 hPa 形势,
(c)2017 年 3 月 21 日 20 时 850 hPa 形势,(d)2017 年 3 月 21 日 20 时海平面气压场

3.6 4月3日02时至5日08时天气过程

3.6.1 天气过程表

起止时间	2017年4月3日02时至5日08时	
天气强度	中强(伊犁州暴雪)	
影响系统及其演变	影响系统：高空——西西伯利亚低槽、中亚低槽、强锋区、高空急流、低空急流；地面——冷高压、冷锋 演变特征：500 hPa欧亚范围为两槽两脊的经向环流，欧洲中部和贝加尔湖以东为高压脊区，西伯利亚和东亚沿岸为低槽活动区，极锋锋区与副热带锋区交汇于里海—咸海附近，随着欧洲脊分裂正变高东南落，黑海到里海地区高压脊向东南扩，推动西伯利亚低槽底部转竖东移并与中亚低槽分裂波动叠加，北方冷空气和西南暖湿气流交汇于中亚，锋区加强，受极锋锋区上沿乌拉尔山南下的冷空气补充西西伯利亚低槽再次向东南加深，使得位于中亚的低槽强锋区东移进入北疆，与高空急流分流区、向山的低急流和东移的冷锋共同影响造成北疆雨雪天气；由于低槽强锋区南压至40°N附近，东移时部分冷空气沿南疆西部翻山进入，随着系统东移部分冷空气翻天山进入，造成南疆西部和阿克苏地区、巴州北部风沙天气；冷空气移到新疆东部后，回流"东灌"的偏东风，造成巴州南部扬沙或沙尘暴天气	
灾害性天气	寒潮	石河子市、乌鲁木齐市、昌吉州等地7站出现寒潮，其中1站出现强寒潮。日降温幅度最大为哈密市巴里坤站，降温9.5℃，过程最强降温中心为昌吉州玛纳斯站，降温12℃
	暴雪	过程最大降水中心伊犁州新源县塔勒德镇二大队，累计降雪31.7 mm。伊犁州、哈密市北部共29站出现暴雪。国家站昭苏、特克斯、巩留、尼勒克4站暴雪
	大风	全疆大部分地区出现4~5级西北风，共152站8级以上，1站12级以上，极大风速出现在哈密市伊州区十三间房36.7 m/s
	沙尘暴	3日夜间到4日夜间，阿克苏地区、和田地区、巴州、吐鲁番市、哈密市共13站出现扬沙或沙尘暴，其中民丰、轮台、若羌、塔中、且末5站出现沙尘暴，若羌、且末最小能见度分别为140 m、200 m，出现强沙尘暴

3.6.2 天气过程图

①天气实况图

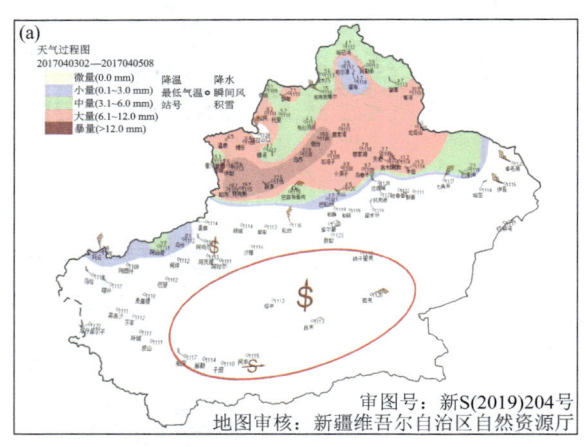

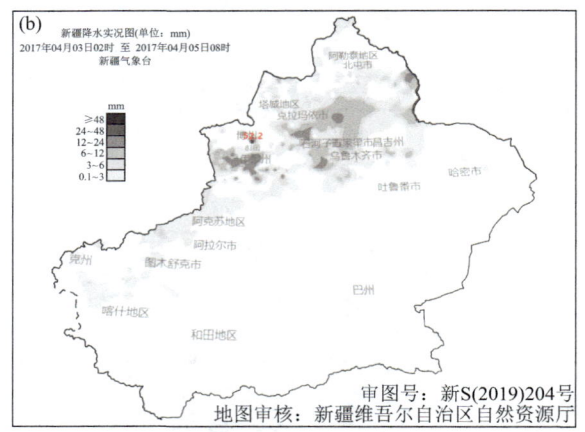

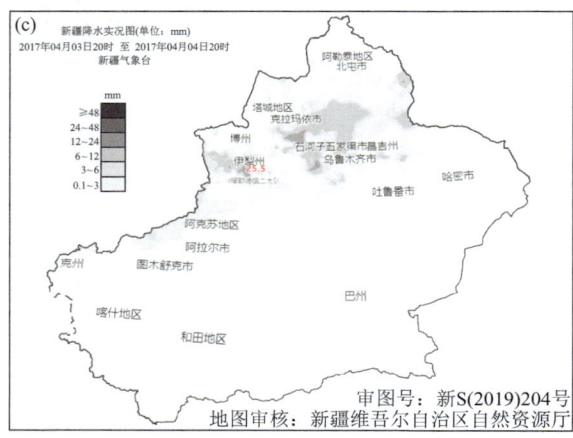

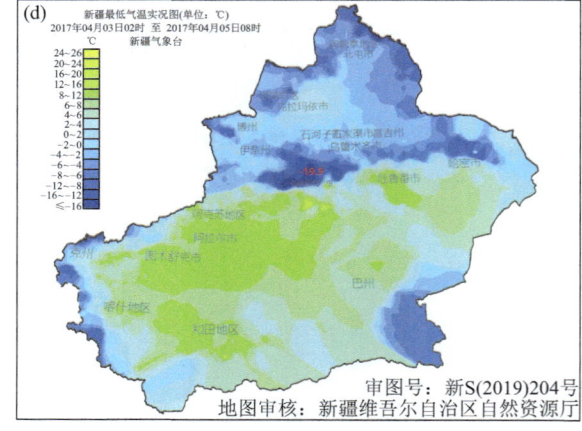

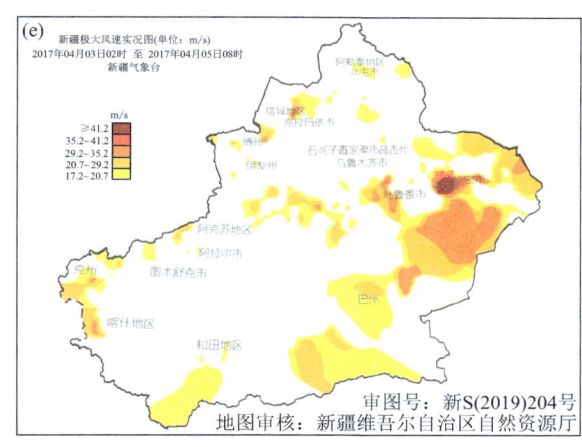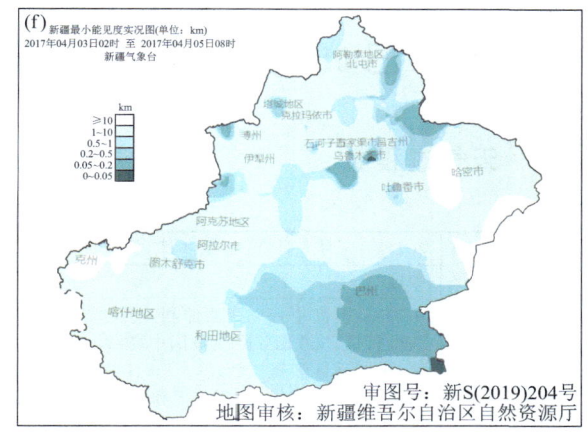

图 3.11　2017 年 4 月 3—5 日天气实况

(a)累计降水(国家站,单位:mm),(b)累计降水(含区域站,单位:mm),(c)单日最强降水(单位:mm),
(d)过程最低气温(单位:℃),(e)过程极大风速(单位:m/s),(f)过程最小能见度(单位:km)

②环流形势图

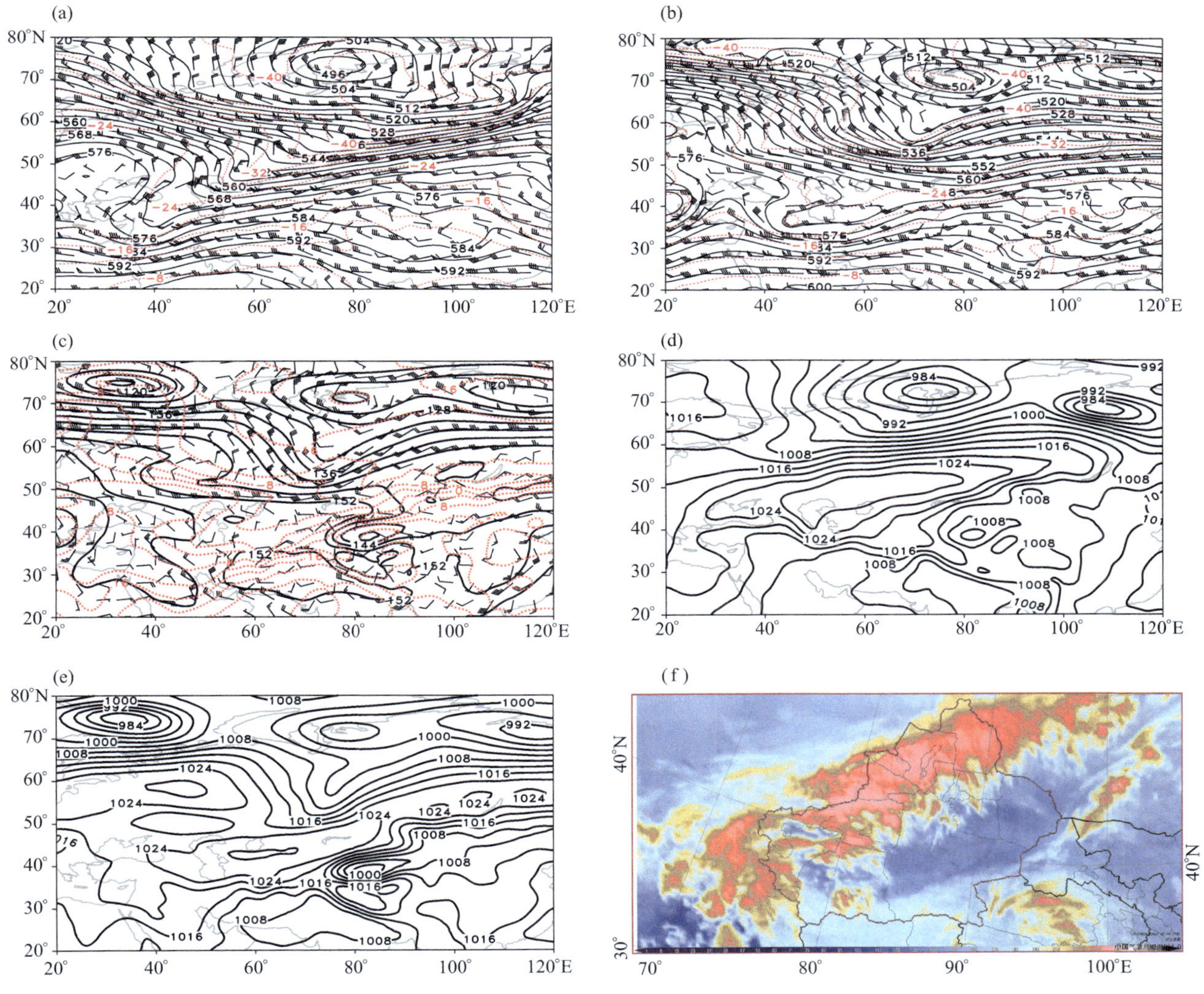

图 3.12　2017 年 4 月 2—4 日环流形势

(a)2017 年 4 月 2 日 20 时 500 hPa 形势,(b)2017 年 4 月 4 日 08 时 500 hPa 形势,(c)2017 年 4 月 4 日 08 时 850 hPa 形势,
(d)2017 年 4 月 2 日 20 时海平面气压场,(e)2017 年 4 月 4 日 08 时海平面气压场,(二)2017 年 4 月 4 日 05 时卫星云图

3.7　4月5日05时至8日20时天气过程

3.7.1　天气过程表

起止时间	2017年4月5日05时至8日20时
天气强度	中度
影响系统及其演变	影响系统：高空——西西伯利亚低槽、中亚低值系统；地面——冷高压、冷锋 演变特征：500 hPa欧亚范围中高纬度两脊一槽经向环流，欧洲为高压脊区，新地岛到咸海至巴尔喀什湖为低槽活动区，中亚地区多短波活动，5—6日，欧洲脊东南落，推动咸海至巴尔喀什湖地区外围槽东南移与中亚短波槽叠加进入新疆，造成伊犁州、南疆西部和阿克苏地区等地降水；7—8日，里海—咸海地区脊顶东伸，使得巴尔喀什湖槽切涡向南加深，不断分裂短波影响伊犁河谷、南疆西部断续弱降水，随着上游脊发展东扩，低涡减弱成槽东移北抬，降水结束。5日，和田地区受翻山进入西来冷空气东移、巴州南部受冷空气回流"东灌"影响，先后出现局地扬沙、沙尘暴
灾害性天气　暴雨	过程最大降水中心阿克苏地区乌什县英阿特站，累计降雨67.2 mm。喀什地区南部、克州、阿克苏地区西部共8站暴雨
灾害性天气　大风	北疆、东疆等地的风口地区共59站出现8级以上西北风（巴州南部为偏东风），极大风速出现在哈密市伊州区十三间房30.8 m/s
灾害性天气　沙尘暴	5日白天到6日白天，和田地区、巴州南部共9站出现扬沙或沙尘暴，其中洛浦、民丰、塔中、若羌4站出现沙尘暴，若羌最小能见度300 m，出现了强沙尘暴
灾害性天气　强对流天气	喀什地区岳普湖县铁热木镇9村、10村及巴依阿瓦提乡1村4月8日18时前后出现暴雨并伴有冰雹，持续时间约30 min

3.7.2　天气过程图

①天气实况图

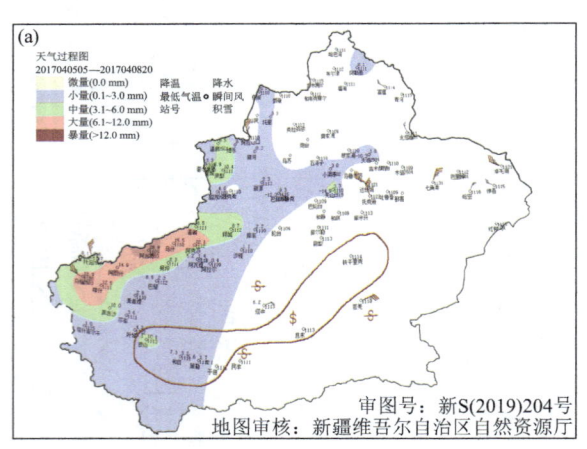
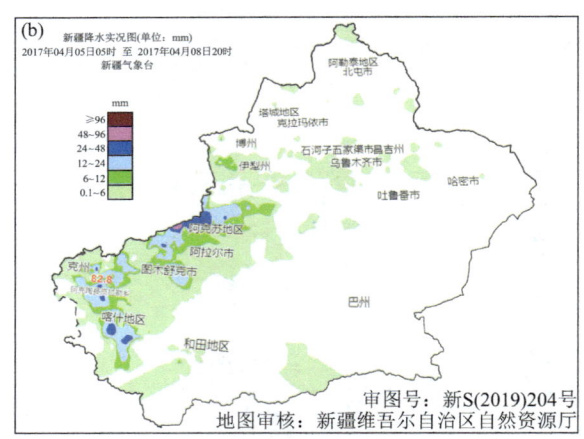
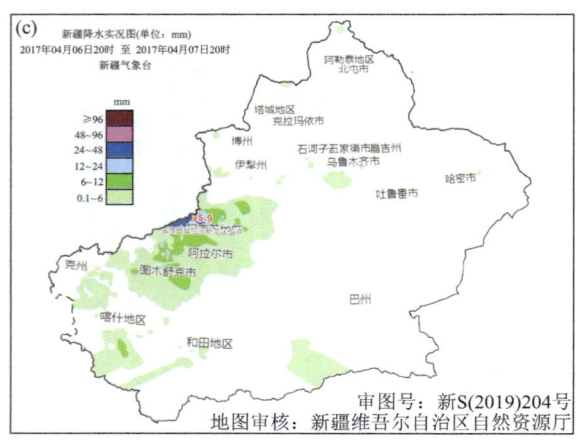
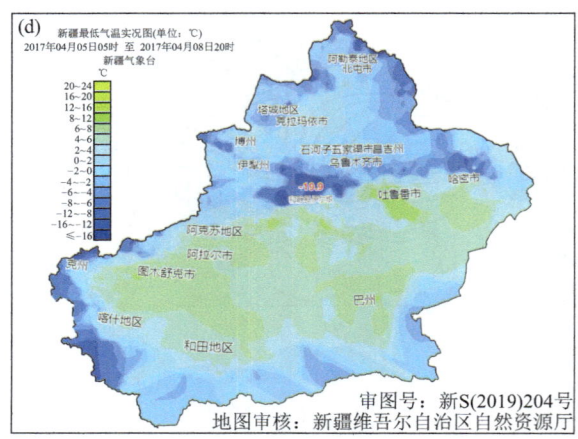

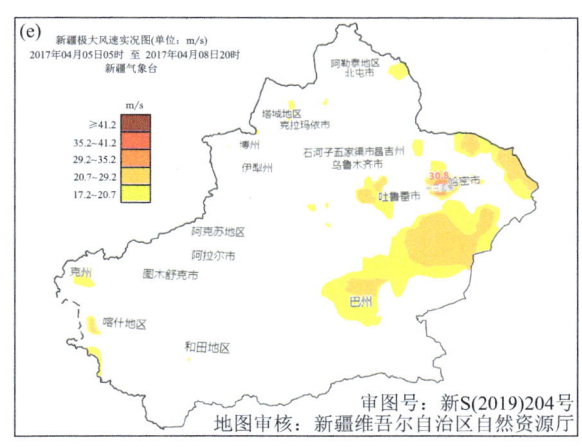
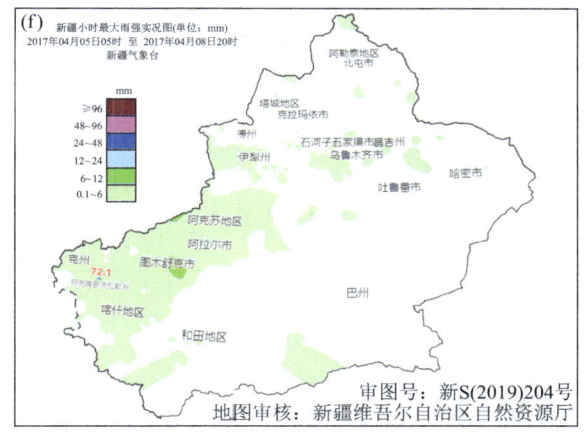

图 3.13　2017 年 4 月 5—8 日天气实况

(a)累计降水(国家站,单位:mm),(b)累计降水(含区域站,单位:mm),(c)单日最强降水(单位:mm),
(d)过程最低气温(单位:℃),(e)过程极大风速(单位:m/s),(f)最大小时雨强(单位:mm)

②环流形势图

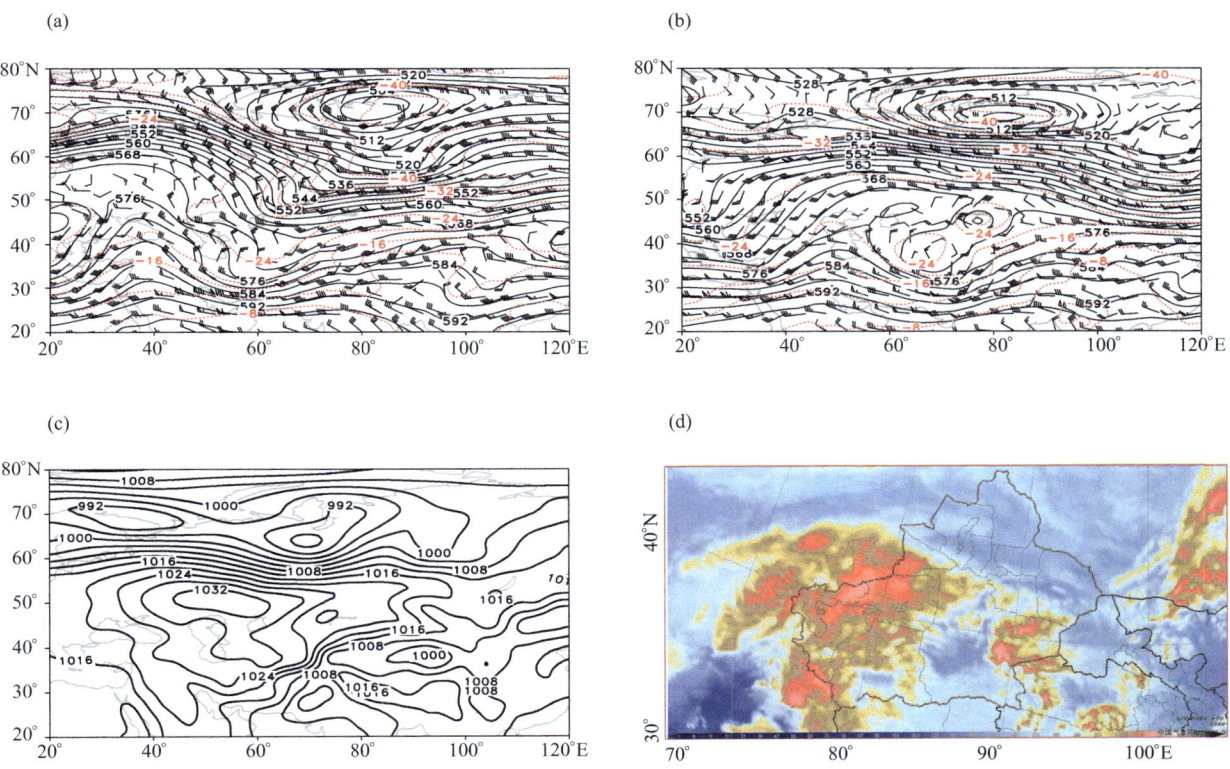

图 3.14　2017 年 4 月 5—7 日环流形势

(a)2017 年 4 月 5 日 08 时 500 hPa 形势,(b)2017 年 4 月 7 日 08 时 500 hPa 形势,
(c)2017 年 4 月 5 日 14 时海平面气压场,(d)2017 年 4 月 5 日 07 时卫星云图

3.8 4月13日14时至15日14时天气过程

3.8.1 天气过程表

起止时间	2017年4月13日14时至15日14时	
天气强度	强（沙尘暴）	
影响系统及其演变	影响系统：高空——西风带短波槽、中亚槽；地面——冷高压、冷锋 演变特征：前期500 hPa中纬度以纬向环流为主，西风带上多短波槽活动，随着伊朗副热带高压北抬，中亚槽加深东移与西风带短波槽叠加，西风带东移的冷空气与西南暖湿气流交绥剧烈，造成伊犁州、天山北坡较强降水。1030 hPa的地面冷高压东北移过程中，部分沿西天山和昆仑山之间峡谷翻山进入南疆盆地，高压主体进入北疆沿天山东移，气压梯度大、加压迅速，造成北疆、东疆大风及南疆风沙天气	
灾害性天气	暴雨	过程最大降水中心昌吉州木垒哈萨克自治县照壁山双湾站，累计降雨62.3 mm。伊犁州、乌鲁木齐市山区、昌吉州东部、巴州北部共48站暴雨，4站大暴雨。国家站新源1站暴雨，天池（53.6 mm）、木垒（51.3 mm）两站大暴雨
	大风	全疆大部分地区出现5～6级西北风，共284站8级以上，12级以上6站，最大风速出现在克州乌恰县铁列克乡36.1 m/s
	沙尘暴	14日，喀什地区、和田地区、巴州南部14站出现扬沙或沙尘暴，其中岳普湖、喀什、莎车、泽普、皮山、墨玉、和田、洛浦、策勒、民丰、塔中、且末、若羌13站出现沙尘暴，皮山最小能见度300 m，出现了强沙尘暴
	强对流天气	2站出现短时强降水，最大小时雨强11.9 mm，14日14—15时出现在巴州库尔勒市北山3号站 阿克苏地区乌什县4月14日17—18时出现冰雹，最大直径0.2～0.3 cm，持续时间40 min

3.8.2 天气过程图

①天气实况图

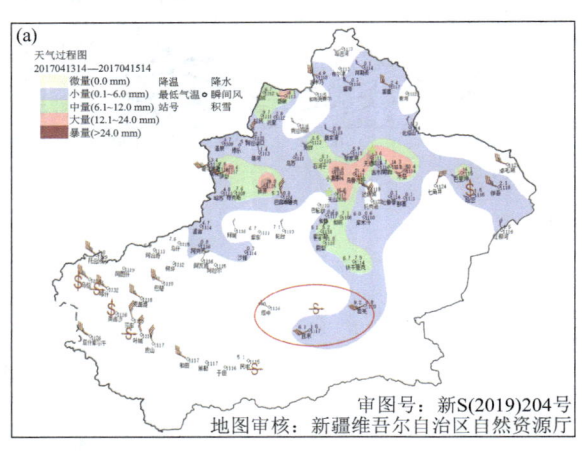

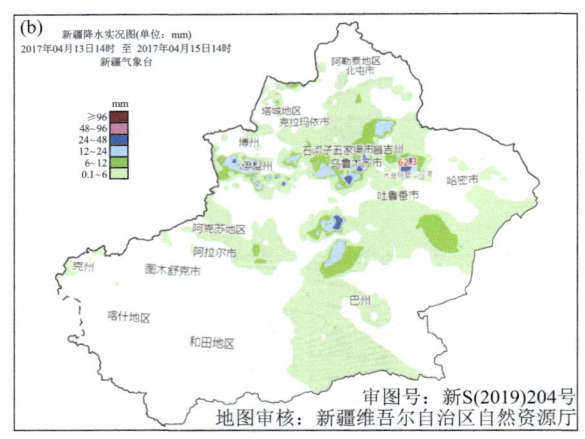

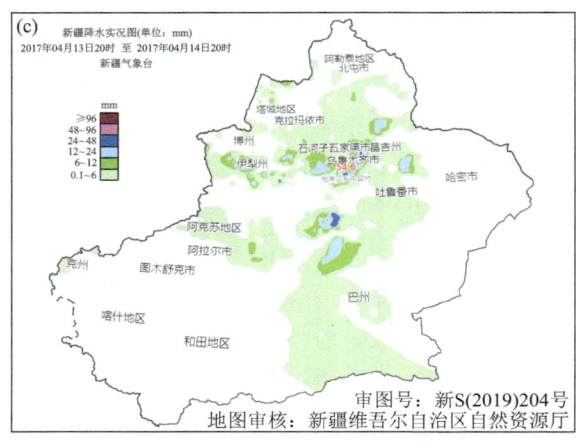

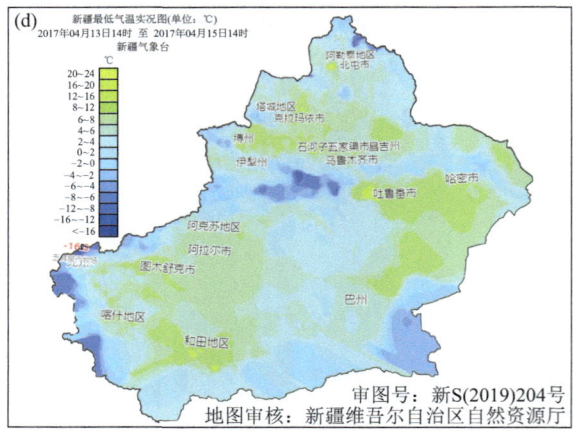

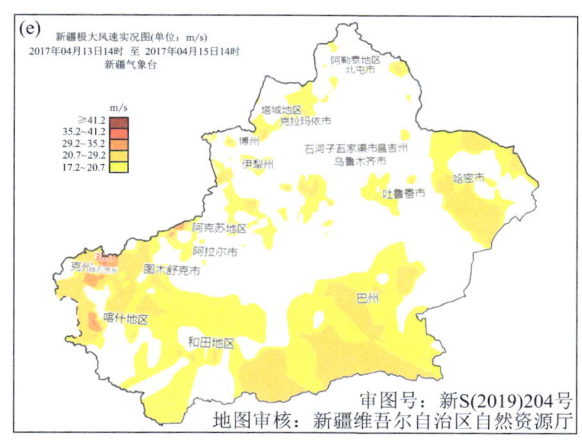
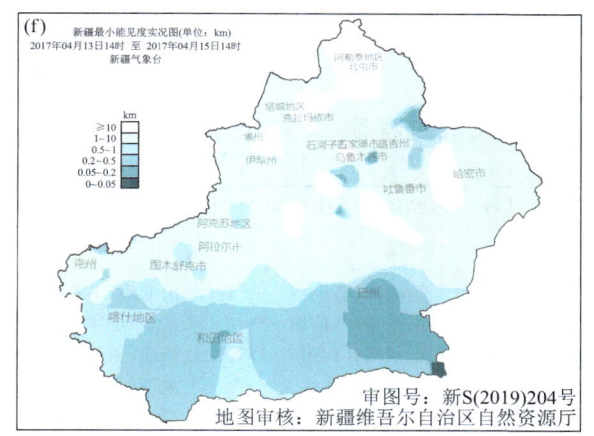

图 3.15　2017 年 4 月 13—15 日天气实况

(a)累计降水(国家站,单位:mm),(b)累计降水(含区域站,单位:mm),(c)单日最强降水(单位:mm),
(d)过程最低气温(单位:℃),(e)过程极大风速(单位:m/s),(f)过程最小能见度(单位:km)

②环流形势图

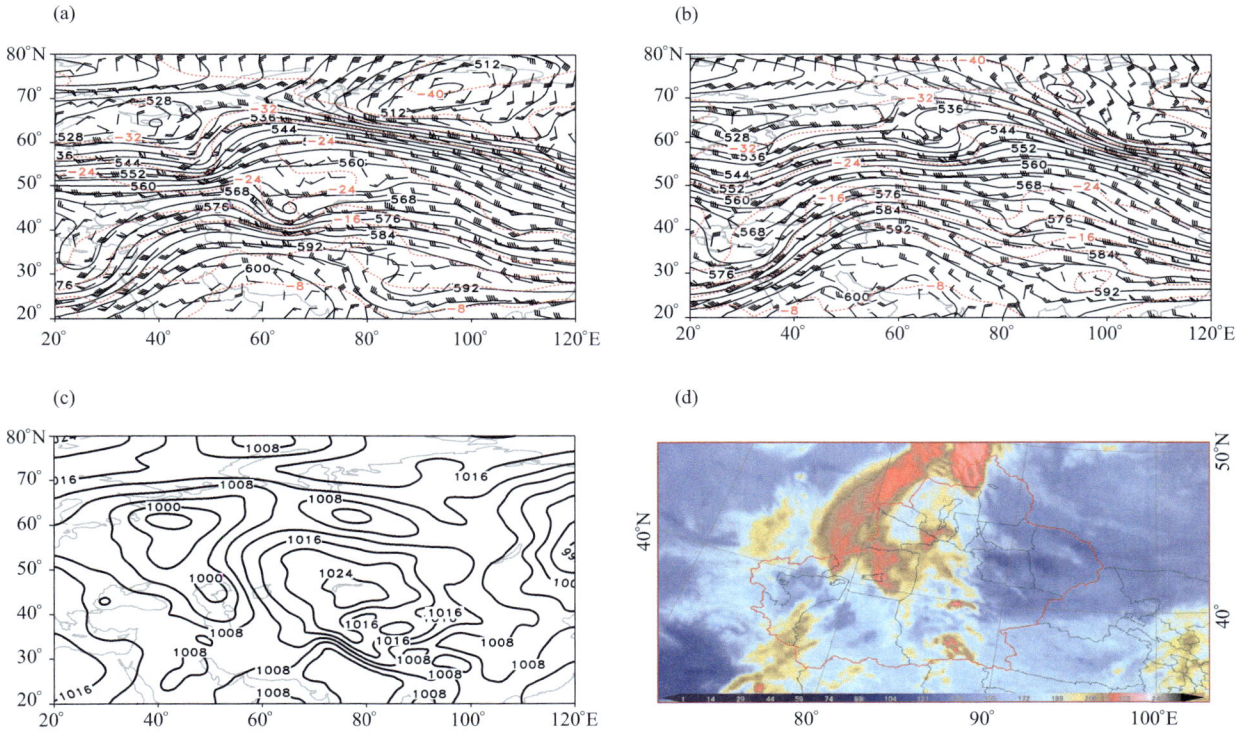

图 3.16　2017 年 4 月 13—14 日环流形势

(a)2017 年 4 月 13 日 08 时 500 hPa 形势,(b)2017 年 4 月 14 日 08 时 500 hPa 形势,
(c)2017 年 4 月 14 日 20 时海平面气压场,(d)2017 年 4 月 14 日 11 时卫星云图

3.9 4月16日17时至18日20时天气过程

3.9.1 天气过程表

起止时间	2017年4月16日17时至18日20时
天气强度	中度
影响系统及其演变	影响系统：高空——乌拉尔山低槽、中亚槽；地面——冷高压、冷锋 演变特征：前期500 hPa欧亚范围内两槽一脊经向环流，乌拉尔山低槽东南移槽底偏西气流与中亚槽前西南气流交汇巴尔喀什湖附近，锋区在此加强，随着槽脊系统东移，低槽底部西北气流与中亚槽前西南暖湿气流交汇东移，造成此次北疆的降水天气；上冷下暖，有利于层结不稳定的发展，造成天山北坡短时强降水、雷暴、冰雹等强对流天气；地面冷高压移速快，冷空气先"西翻"，然后快速进入北疆，再"东灌"造成北疆、东疆大风和塔里木盆地较明显的风沙天气
灾害性天气	暴雨	过程最大降水中心昌吉州木垒县大南沟站，累计降雨52.0 mm。伊犁州南部东部、乌苏到木垒的天山北坡共23站暴雨、1站大暴雨。国家站新源、小渠子、天池、木垒4站暴雨
	大风	全疆大部先后出现4～5级西北风，共135站8级以上大风，极大风速出现在哈密市伊州区十三间房站32.4 m/s
	沙尘暴	18日白天，和田地区、巴州南部和喀什地区、阿克苏地区、哈密市北部、吐鲁番市等地的局部区域12站出现扬沙或沙尘暴，其中巴州塔中、若羌、且末3站最小能见度均为0.3 km，出现强沙尘暴
	强对流天气	昌吉州木垒县出现5 mm冰雹

3.9.2 天气过程图

①天气实况图

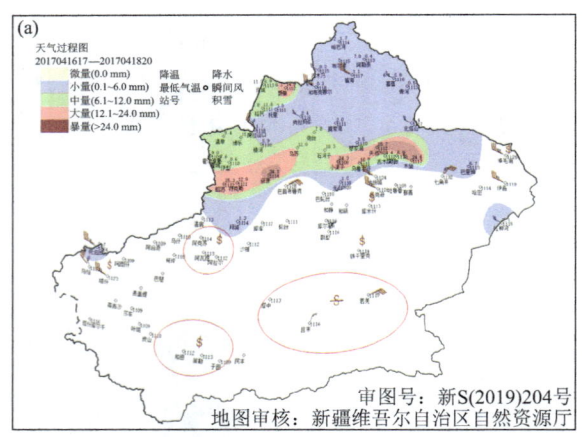 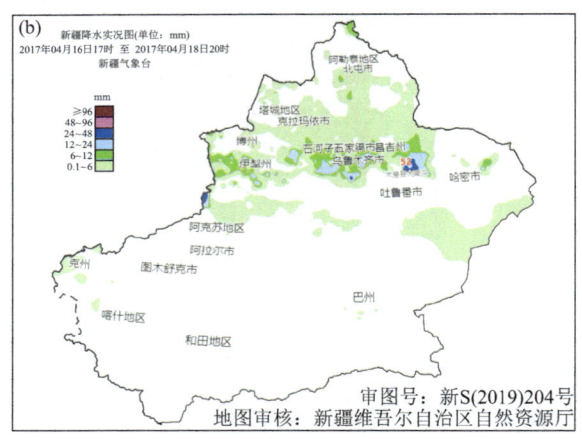

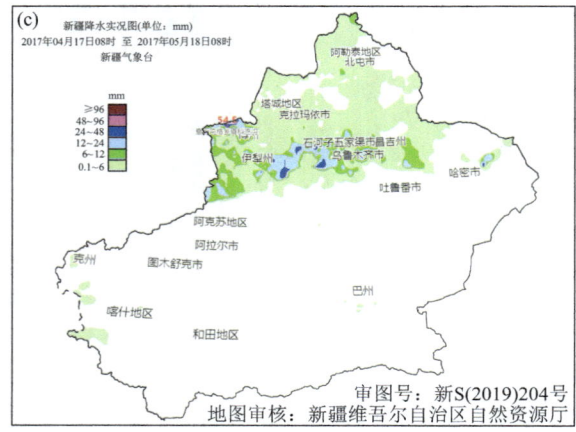 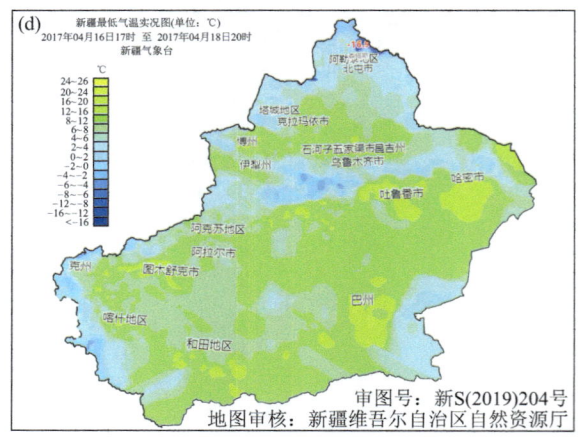

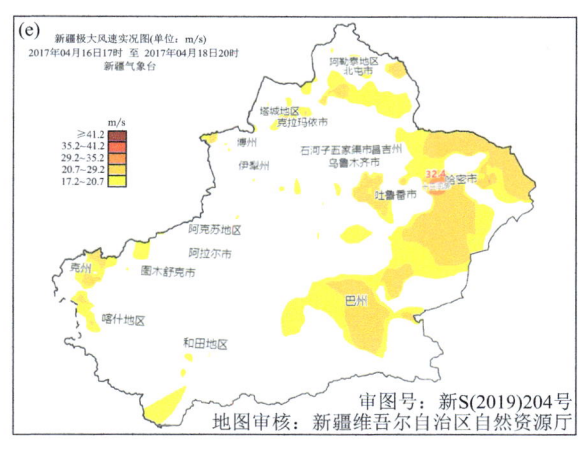
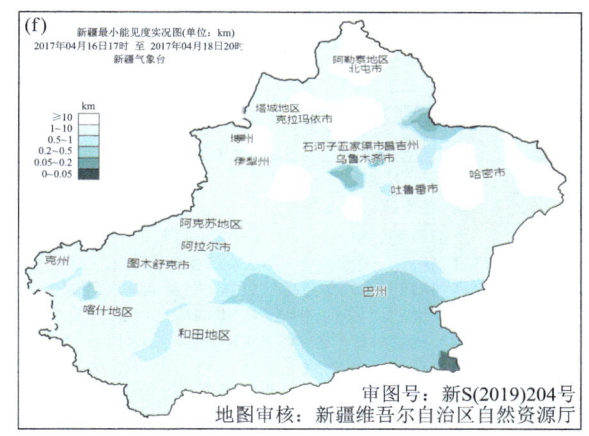

图 3.17 2017 年 4 月 16—18 日天气实况
(a)累计降水(国家站,单位:mm),(b)累计降水(含区域站,单位:mm),(c)单日最强降水(单位:mm),
(d)过程最低气温(单位:℃),(e)过程极大风速(单位:m/s),(f)过程最小能见度(单位:km)

②环流形势图

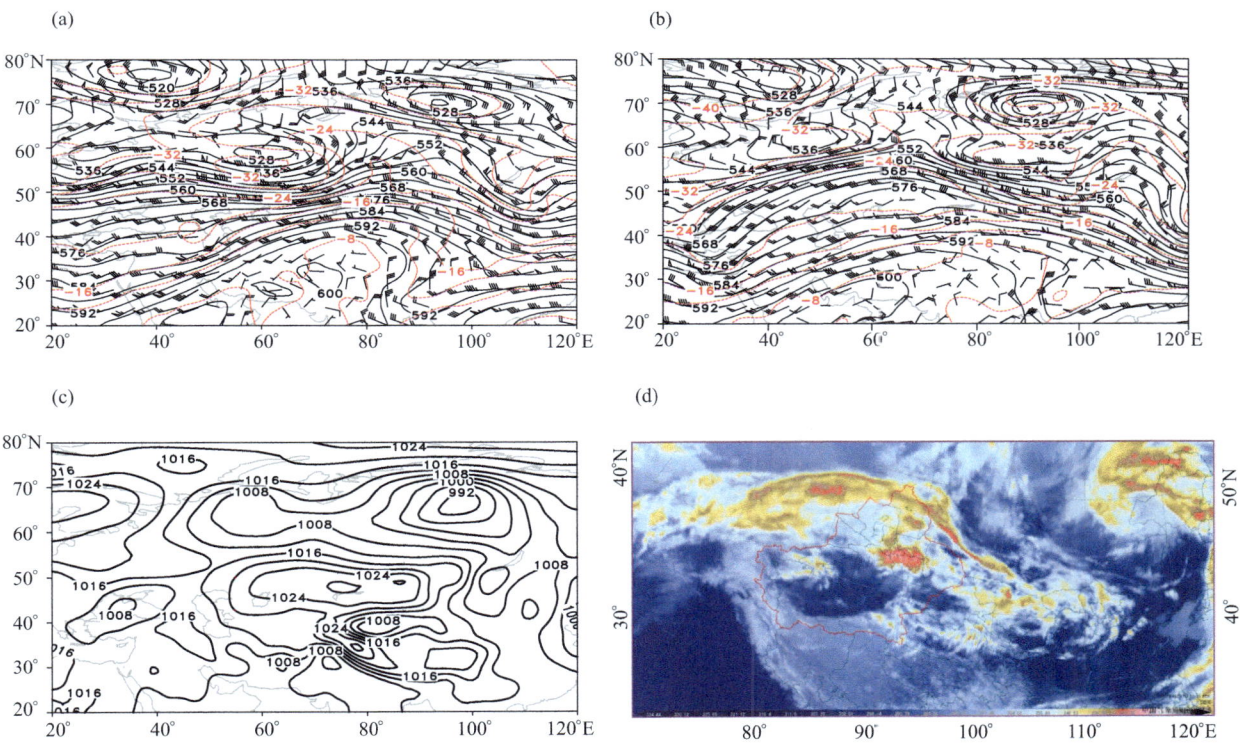

图 3.18 2017 年 4 月 16—17 日环流形势
(a)2017 年 4 月 16 日 08 时 500 hPa 形势,(b)2017 年 4 月 17 日 08 时 500 hPa 形势,
(c)2017 年 4 月 16 日 20 时海平面气压场,(e)2017 年 4 月 17 日 10 时卫星云图

3.10 4月28日23时至5月3日20时天气过程

3.10.1 天气过程表

过程时间	4月28日23时至5月3日20时
过程强度	强(暴雨雪、强风沙)
影响系统及其演变	影响系统:高空——中亚低涡、西西伯利亚低槽、切变线、低空急流;地面——冷高压、冷锋 演变特征:过程前500 hPa欧亚范围极锋锋区较平直、位置偏南,其上多波动,中低纬是两槽两脊的经向环流,里黑海和新疆到哈萨克丘陵为高压脊区,中亚低涡位于咸海到巴尔喀什湖之间,29日,里海脊东移推动中亚低涡东移,下游脊阻挡,移速缓慢,受低涡前偏南气流影响,造成新疆偏西地区明显降水,与此同时里黑海脊向北发展与极高压接通,中高纬转经向环流,30日开始,西西伯利亚低槽南下,槽底偏西气流与减弱成槽的中亚低值系统偏南气流沿天山一带交汇,与切变线、地面冷锋共同影响造成伊犁到天山山区及其北坡明显雨雪天气,向山的低空急流为暴雨增幅。29日中亚低涡东移引导地面冷空气从分别自南北疆偏西进入新疆,造成第一波大风和南疆沙尘天气;4月30日至5月1日地面冷高压补充加强,沿西部国境线等压线密集,北疆东西、南疆西北东南向气压梯度大,随着高空影响系统东移引导地面冷空气快速进入,造成第二波大风和南疆、东疆沙尘天气
灾害性天气	寒潮: 1—2日阿勒泰地区、巴州北部3站出现寒潮,巴州南部1站特强寒潮。最大降温中心巴州若羌县塔中站降温12℃
	暴雨: 过程最大降水中心伊犁州新源县吐尔根站,累计降雨78.7 mm;国家站最大降水中心克州阿合奇县阿合奇站,累计降雨50.1 mm。 伊犁州、昌吉州、乌鲁木齐市、克州、阿克苏地区、巴州北部、哈密市共79站暴雨,其中4站大暴雨。国家站新源、木垒、乌什、阿合奇、巴里坤5站暴雨(雪)
	暴雪: 大西沟、天池2站暴雪
	大风: 全疆大部分地区出现6级左右西北风,共499站8级以上,11站12级以上,极大风速出现在塔城地区和丰县夏孜盖镇 49 m/s
	沙尘暴: 喀什地区、和田地区、巴州、吐鲁番市和石河子市、昌吉州西部、阿克苏地区、哈密市等地的部分区域共26站出现扬沙或沙尘暴,其中,莎车、皮山、墨玉、洛浦、民丰、策勒、塔中、且末、若羌、吐鲁番东坎、莫索湾11站出现沙尘暴,若羌、且末最小能见度≤100 m,出现了强沙尘暴
	强对流天气: 1站出现短时强降水,最大小时雨强12.2 mm,4月30日22—23时出现在和田地区和田县热瓦克佛寺站 巴州尉犁县墩阔坦乡5月2日17时42分至18时17分出现大风、冰雹天气

3.10.2 天气过程图

①天气实况图

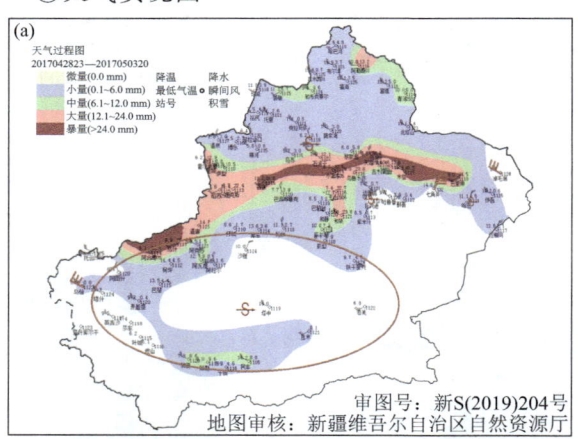

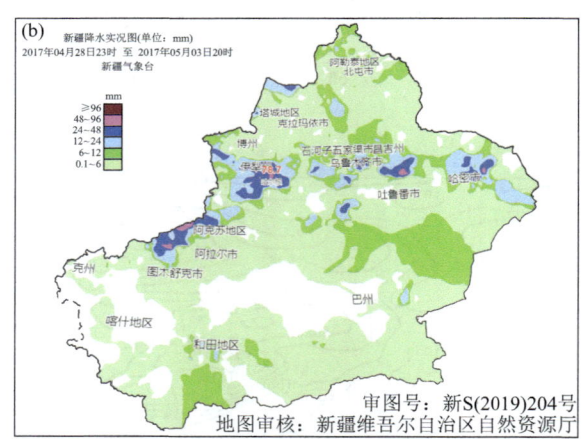

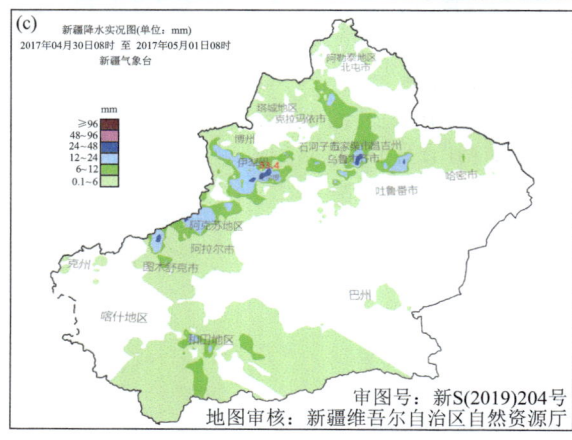

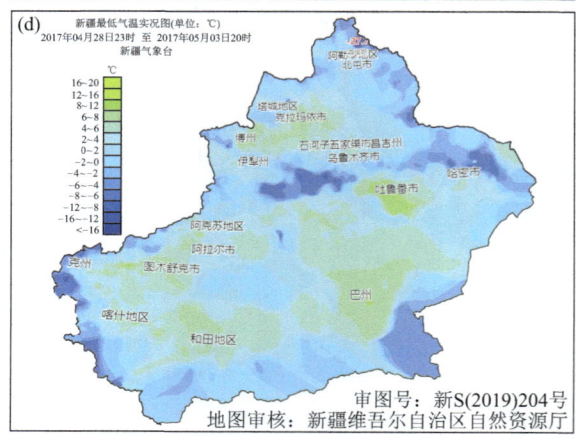

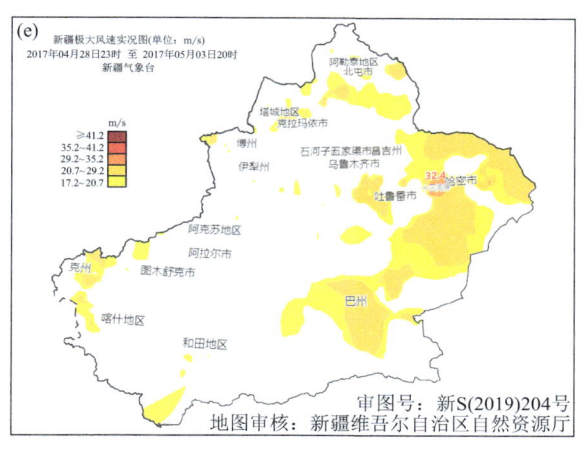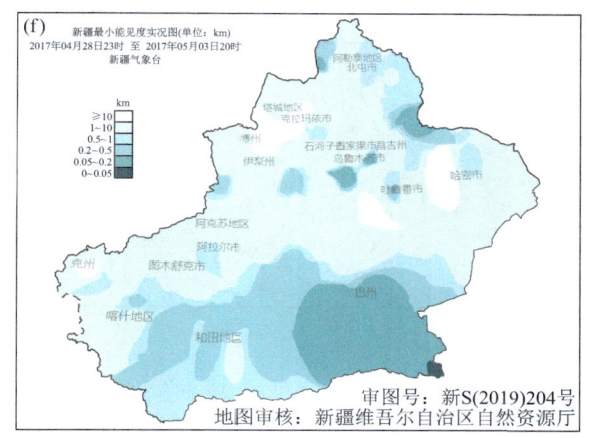

图 3.19 2017 年 4 月 28—5 月 3 日天气实况

(a)累计降水(国家站,单位:mm),(b)累计降水(含区域站,单位:mm),(c)单日最强降水(单位:mm),
(d)过程最低气温(单位:℃),(e)过程极大风速(单位:m/s),(f)过程最小能见度(单位:km)

②环流形势图

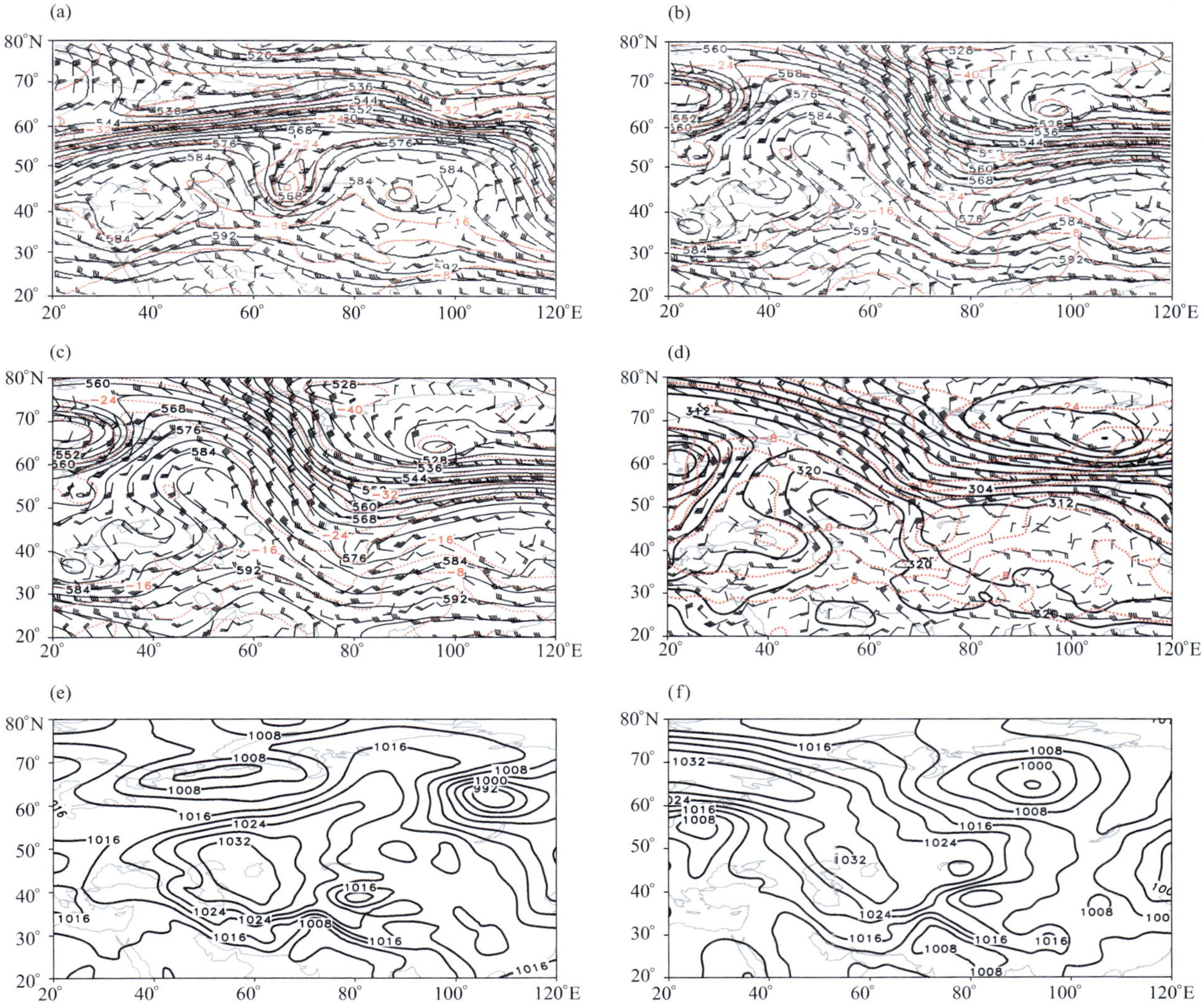

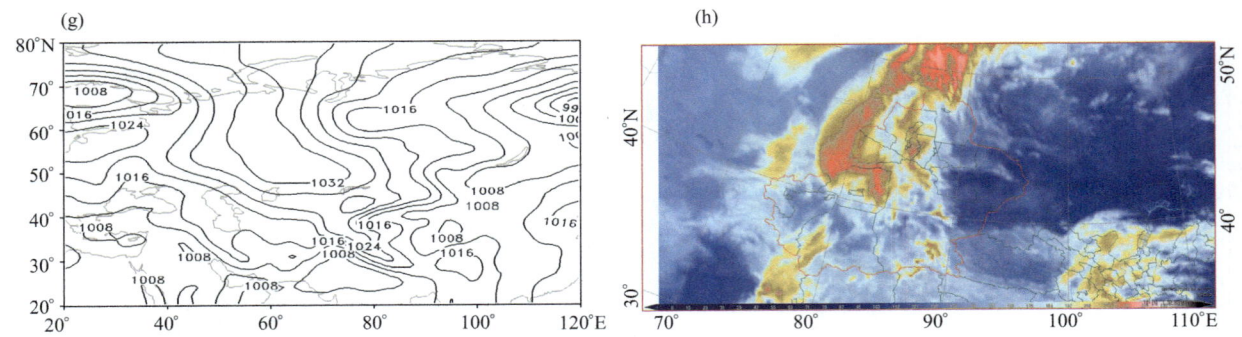

图 3.20　2017 年 4 月 28 日—5 月 1 日环流形势

(a)2017 年 4 月 28 日 08 时 500 hPa 形势,(b)2017 年 4 月 30 日 08 时 500 hPa 形势,
(c)2017 年 5 月 1 日 08 时 500 hPa 形势,(d)2017 年 4 月 30 日 08 时 700 hPa 形势,
(e)2017 年 4 月 28 日 08 时海平面气压场,(f)2017 年 4 月 29 日 14 时海平面气压场,
(g)2017 年 5 月 1 日 08 时海平面气压场;(h)2017 年 4 月 30 日 09 时卫星云图

3.11　5 月 18 日 14 时至 20 日 20 时天气过程

3.11.1　天气过程表

过程时间	5 月 18 日 14 时至 20 日 20 时	
过程强度	强（暴雨）	
影响系统及其演变	影响系统:高空——中亚槽、西伯利亚低槽、高空急流、切变线、低空急流;地面——冷高压、冷锋 演变特征:18 日 08 时,中高纬一槽一脊经向环流,欧洲高压脊,西伯利亚为宽广的低槽活动区,中纬度西风带上多波动,随着上游里海—咸海脊发展,中亚槽加深东移,槽前西南暖湿气流与西伯利亚低槽槽后西北气流剧烈交绥,与高空急流、低空切变线、地面冷锋共同影响造成伊犁和乌鲁木齐以西天山北坡暴雨天气,低空偏西急流为向西开口、西低东高的伊犁河谷暴雨增幅。地面气压场冷高压中心增强至 1030 hPa,沿西部国境线等压线密集,后随高空影响系统东移进入北疆,部分冷空气从克州乌恰、阿克苏到巴州北部一线翻山进入南疆盆地造成南北疆大部分地区大风和南疆偏西地区明显沙尘天气,在冷空气进一步东移的过程中,回流"东灌"造成南疆盆地东部大风和扬沙或沙尘暴	
灾害性天气	暴雨	过程最大降水中心伊犁州新源县吐尔根站,累计降雨 95.6 mm;国家站最大降水伊犁州新源县新源站 42.7 mm,伊犁州、博州、塔城地区南部、克拉玛依市、石河子市、昌吉州西部山区、乌鲁木齐市南部山区共 126 站暴雨,伊犁州东部南部、博州西部、塔城地区南部山区 21 站大暴雨。国家站昭苏、特克斯、尼勒克、巩留、新源、阿拉山口、博乐、乌苏、小渠子 9 站暴雨。主要降雨时段 18 日午后至 19 日傍晚
	大风	全疆大部分地区出现 5～6 级西北风,共 293 站 8 级以上,8 站 12 级以上,极大风速出现在巴州和静县黄水沟山口站 36.8 m/s
	沙尘暴	19 日—20 日,喀什地区、和田地区、阿克苏地区、巴州、吐鲁番市出现扬沙或沙尘暴,其中莎车、阿克苏、塔中、且末、若羌、铁干里克 6 站出现沙尘暴,且末最小能见度 400 m,出现了强沙尘暴
	强对流天气	37 站站出现短时强降水,3 站小时雨强超过 20 mm,最大小时雨强 30.3 mm,18 日 21—22 时出现在伊犁州昭苏县阿克达拉乡布勒赛依站。阿克苏地区库车县 5 月 20 日 19 时—21 日 21 时出现冰雹

3.11.2 天气过程图

① 天气实况图

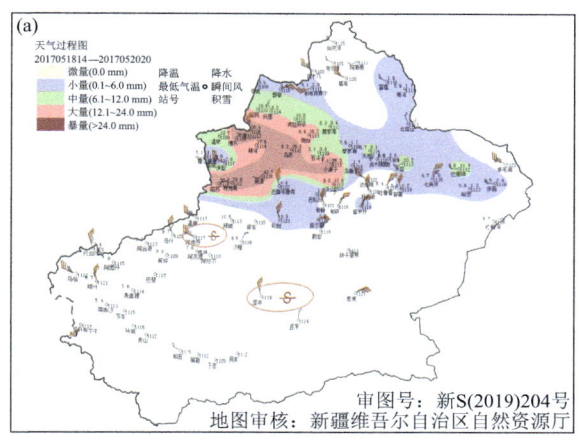
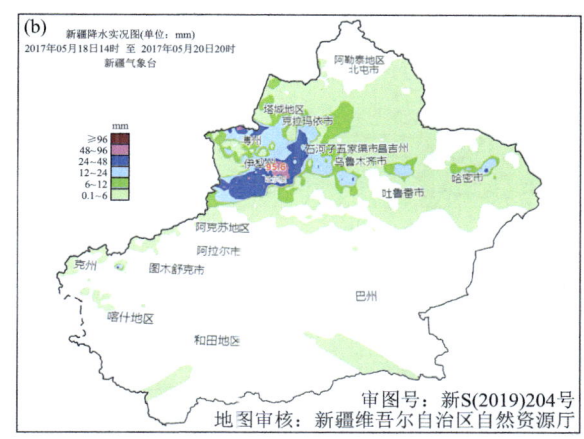
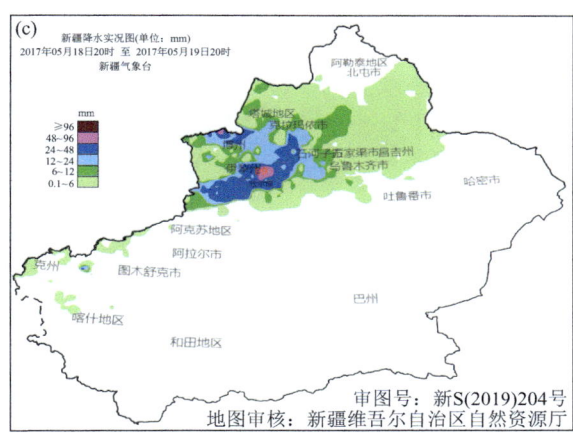
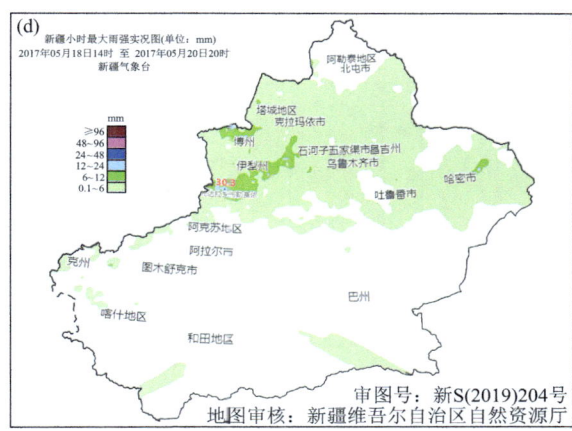
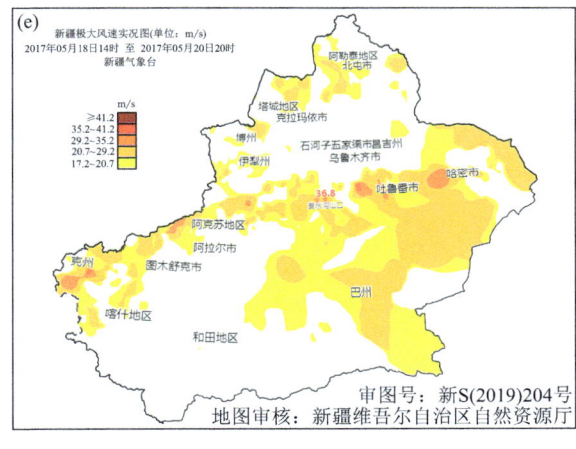
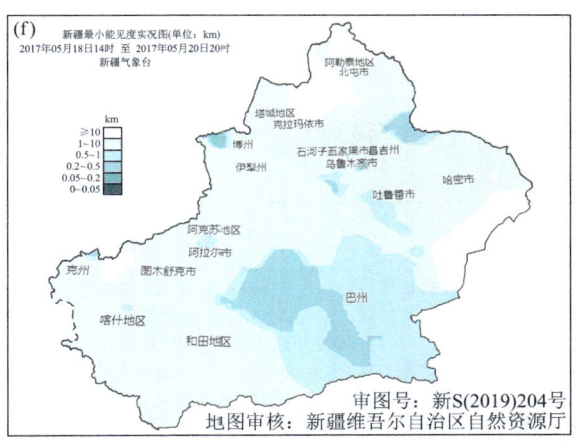

图 3.21　2017 年 5 月 18—20 日天气实况

(a) 累计降水 (国家站,单位:mm),(b) 累计降水 (含区域站,单位:mm),(c) 单日最强降水 (单位:mm),
(d) 最大小时雨强 (单位:mm),(e) 过程极大风速 (单位:m/s),(f) 过程最小能见度 (单位:km)

②环流形势图

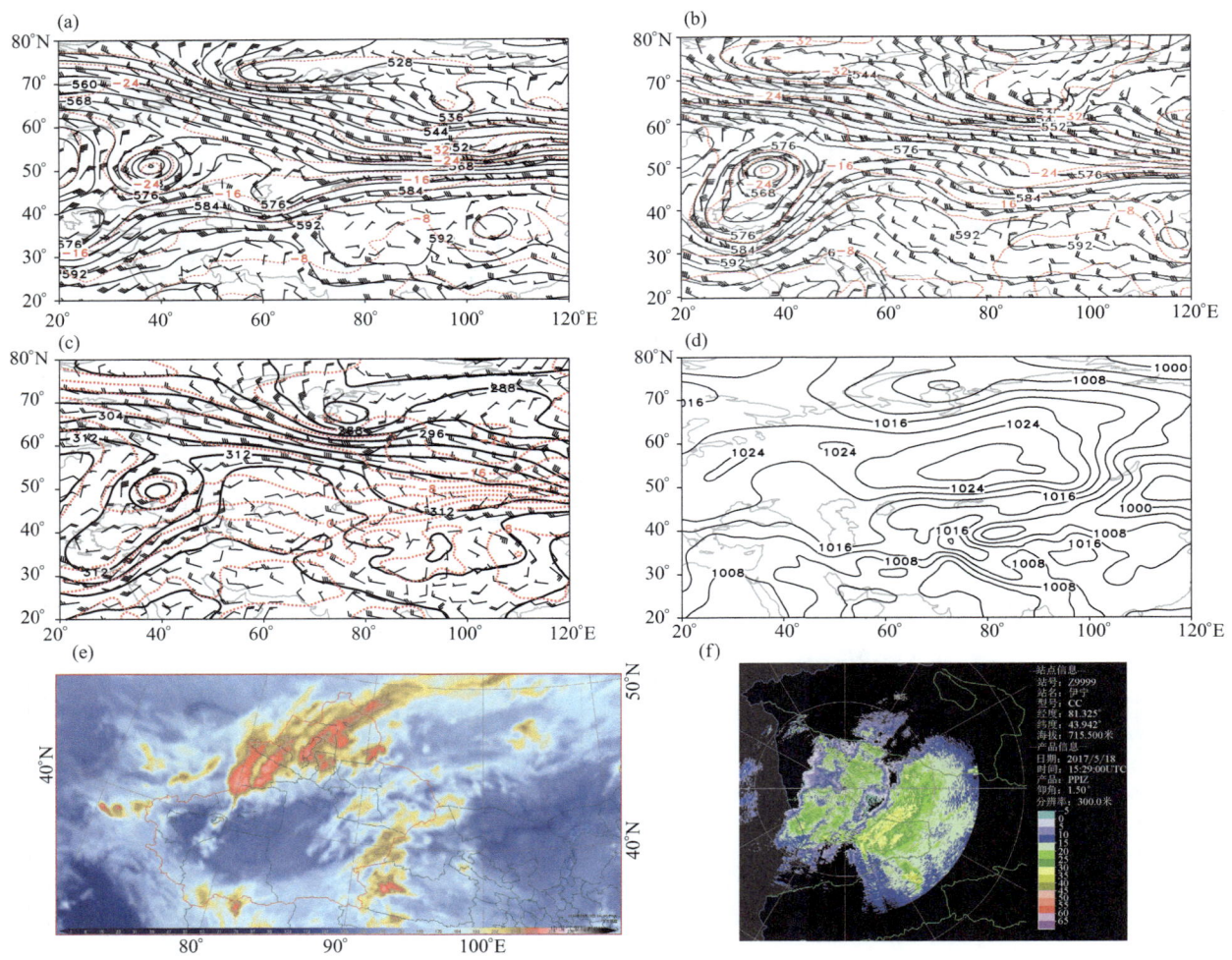

图 3.22　2017 年 5 月 18—22 日环流形势
(a)2017 年 5 月 18 日 08 时 500 hPa 形势,(b)2017 年 5 月 20 日 08 时 500 hPa 形势,(c)2017 年 5 月 19 日 08 时 700 hPa 形势,
(d)2017 年 5 月 18 日 08 时海平面气压场,(e)2017 年 5 月 19 日 04 时卫星云,(f)2017 年 5 月 18 日 23 时伊犁雷达回波图

3.12　5 月 25 日 14 时至 29 日 08 时天气过程

3.12.1　天气过程表

过程时间	5 月 25 日 14 时至 29 日 08 时	
过程强度	中度	
影响系统及其演变	影响系统:高空——西西伯利亚槽、中亚槽;地面——冷高压、冷锋 演变特征:25 日 08 时 500 hPa 欧亚范围中高纬两脊两槽,欧洲和贝加尔湖为高压脊,西西伯利亚和东亚沿岸为低槽活动区,中低纬两槽一脊,里海—咸海为低槽,新疆脊与贝加尔湖脊同位相叠加,我国东部沿岸槽与东亚槽叠加,西西伯利亚低槽逆转东移,槽底分裂冷空气东移与中亚槽前西南气流交汇造成伊犁河谷至中沿天山较强降水过程。冷空气东移进入北疆、部分翻山进入南疆盆地造成北疆大部分地区和南疆西部、阿克苏等地大风和部分地区扬沙或沙尘暴天气	
灾害性天气	暴雨	过程最大降水中心伊犁州新源县吐尔根站,累计降雨 88.8 mm;国家站过程累计最大降水伊犁州察布查尔站 38.7 mm。26 日 14 时至 27 日 14 时伊犁州、塔城地区南部山区共 55 站暴雨,3 站大暴雨。国家站察布查尔、新源、特克斯 3 站暴雨
	大风	全疆大部分地区先后出现 5 级左右西北风,共 272 站 8 级以上,极大风速出现在巴州和静县黄水沟山口站 30 m/s
	沙尘暴	27—28 日,喀什地区、和田地区、阿克苏地区、巴州共 7 站出现扬沙或沙尘暴,其中阿合奇、民丰 2 站出现沙尘暴
	强对流天气	41 站出现短时强降水,最大小时雨量 21 mm,5 月 26 日 14—15 时出现在博州温泉县扎勒木特乡库站。博州精河县 5 月 25 日 19 时 35 分出冰雹,直径约 1 cm;温泉县哈日布呼镇、昆得仑牧场 5 月 28 日 18 时 20 分出现冰雹

3.12.2 天气过程

①天气实况图

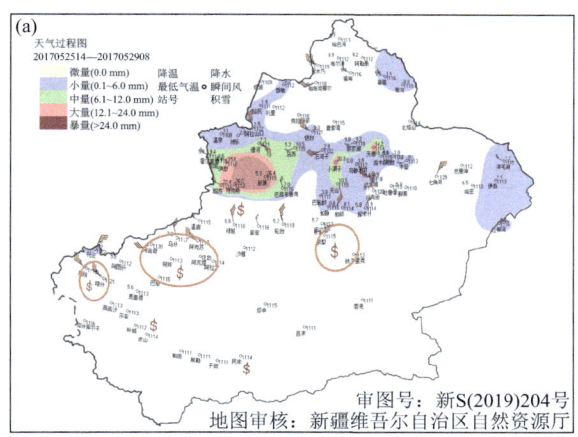
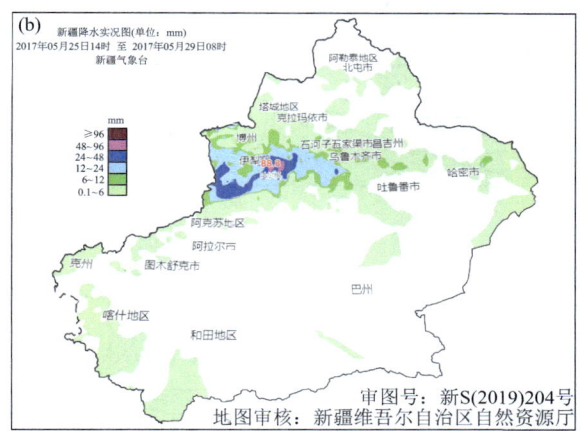
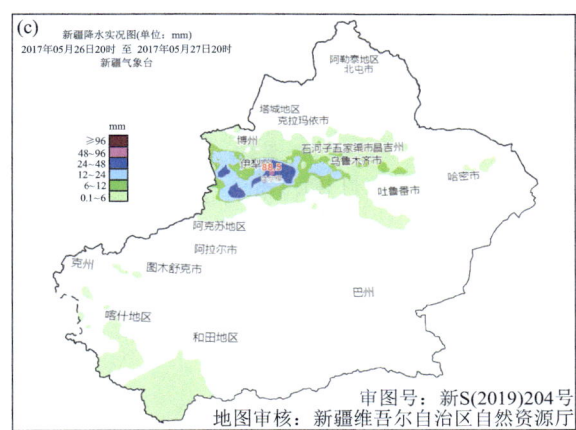
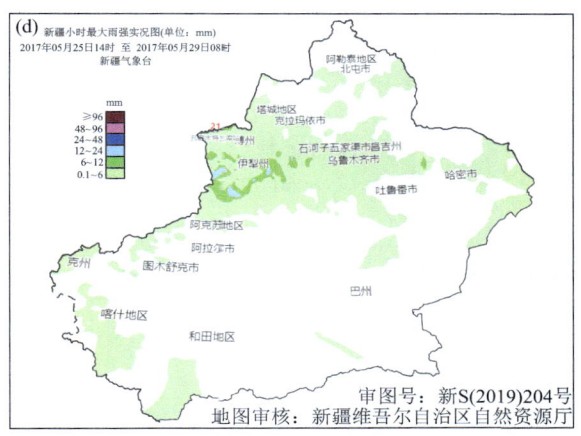
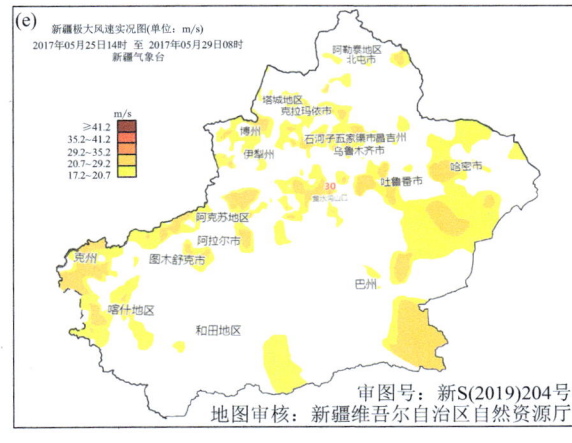
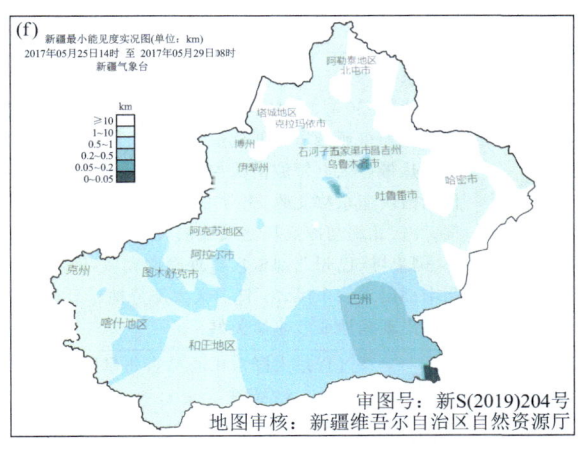

图 3.23 2017 年 5 月 25—29 日天气实况

(a)累计降水(国家站,单位:mm),(b)累计降水(含区域站,单位:mm),(c)单日最强降水(单位:mm),
(d)最大小时雨强(单位:mm),(e)过程极大风速(单位:m/s),(f)过程最小能见度(单位:km)

② 环流形势图

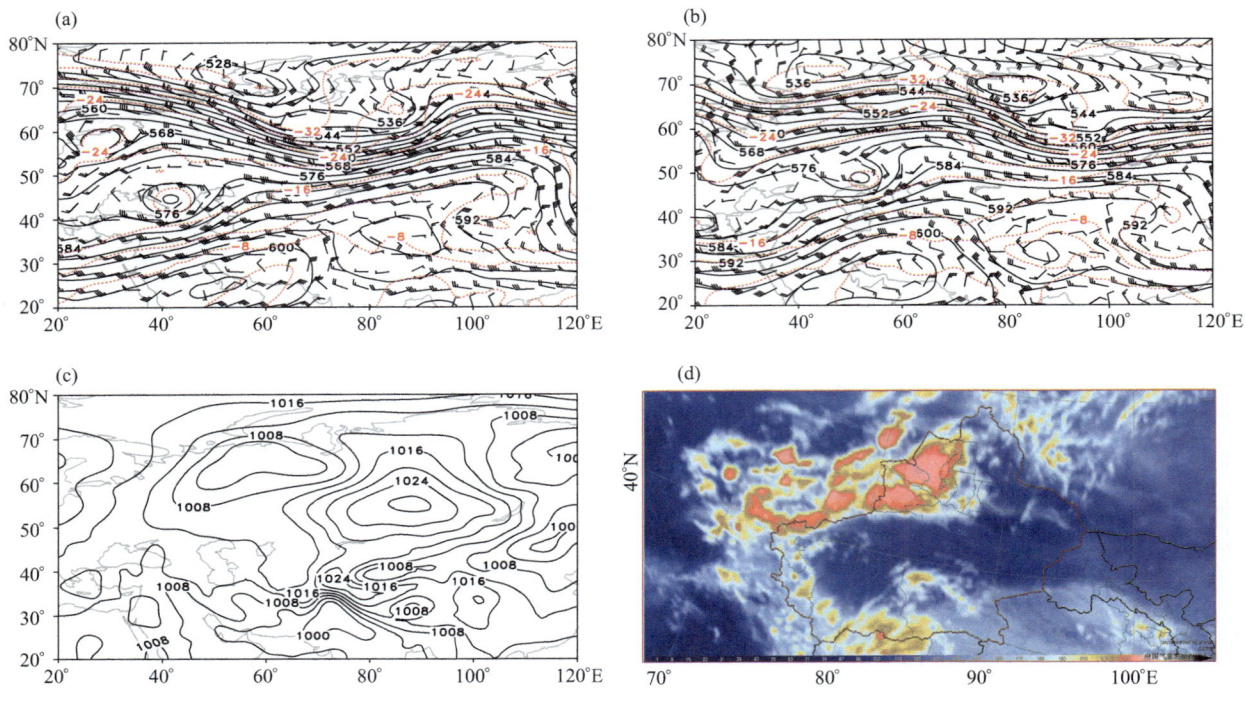

图 3.24　2017 年 5 月 25—27 日环流形势
(a)2017 年 5 月 25 日 08 时 500 hPa 形势,(b)2017 年 5 月 26 日 20 时 500 hPa 形势,
(c)2017 年 5 月 27 日 08 时海平面气压场,(d)2017 年 5 月 25 日 21 时卫星云图

3.13　5月30日14时至31日08时天气过程

3.13.1　天气过程表

过程时间	5月30日14时至31日08时	
过程强度	强（沙尘暴）	
影响系统及其演变	影响系统：高空——西西伯利亚低槽；地面——冷高压、冷锋 演变特征：30 日 08 时 500 hPa 欧亚范围中高纬度为两槽两脊的经向环流，欧洲中部和中西伯利亚为高压脊区，北欧到西西伯利亚和东亚沿岸为低槽活动区，北欧到西西伯利亚低槽低中心在北欧，低槽南伸至 40°N 位于咸海和巴尔喀什湖之间，与副热带锋区上短波槽叠加，槽底锋区、切变明显加强，伊朗副热带高压北抬，里海—咸海高压脊东扩，推动咸海到巴尔喀什湖槽快速东移北收，引导原中心位于咸海的冷高压快速东移进入新疆，造成北疆降雨和全疆大部分地区较明显风沙天气。南、北疆与冷高压之间地面气压梯度大，又因影响位置偏南、移速快，引导地面冷空气快速进入、加压迅速，南疆西部、阿克苏、巴州北部依次出现翻山大风，随着冷高压快速进入北疆大部分地区出现西北大风，之后冷空气回流"东灌"巴州南部出现偏东风，30 日白天大部分地区日最高气温为 30～35℃，近地层热力条件好，南疆塔里木盆地大部分地区和北疆局部出现扬沙或沙尘暴天气	
灾害性天气	暴雨	过程最大降水中心昌吉州阜康市天池站，累计降雨 25.5 mm。伊犁州南部、昌吉州东部共 3 站暴雨。国家站天池 1 站暴雨
	大风	全疆大部分地区出现 5～6 级西北风，共 358 站 8 级以上，5 站 12 级以上，极大风速出现在塔城地区和丰县夏孜盖镇 35.6 m/s
	沙尘暴	喀什地区、克州、和田地区、阿克苏地区、巴州南部和石河子市、昌吉州西部的局部区域共 20 站出现扬沙或沙尘暴，其中莎车、泽普、叶城、皮山、墨玉、和田、洛浦、策勒、于田、民丰、阿克苏 11 站出现沙尘暴，墨玉、洛浦、莎车出现强沙尘暴，最小能见度不足 200 m
	强对流天气	2 站出现短时强降水，最大小时雨量 11.6 mm，5 月 30 日 16—17 时出现在伊犁州特克斯县莫因台牧业村站

3.13.2 天气过程图

①天气实况图

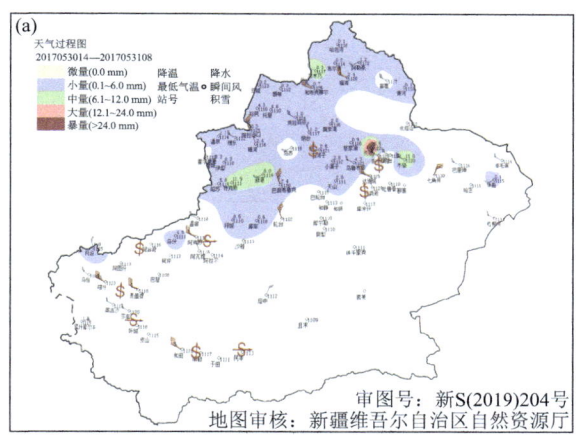
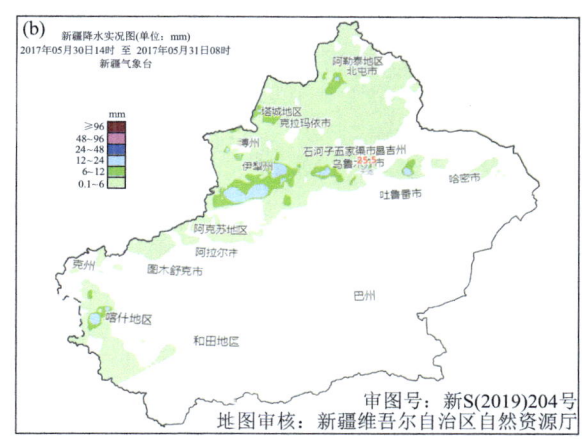
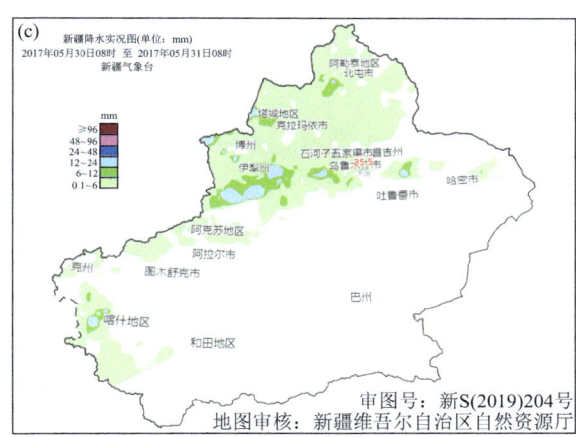
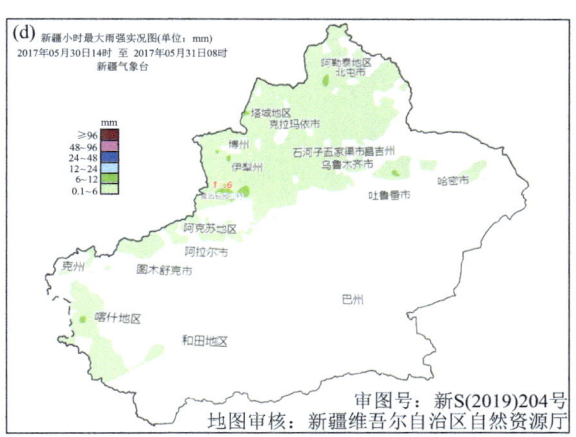
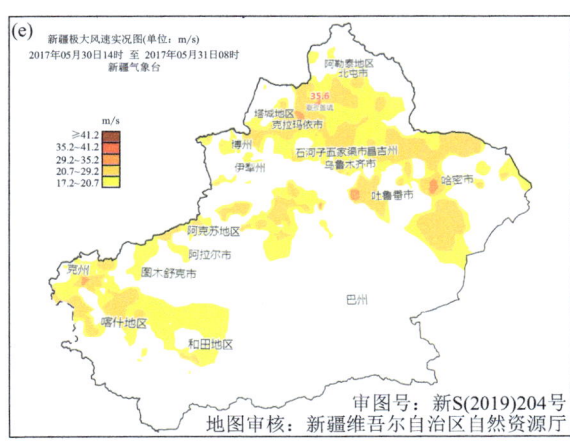
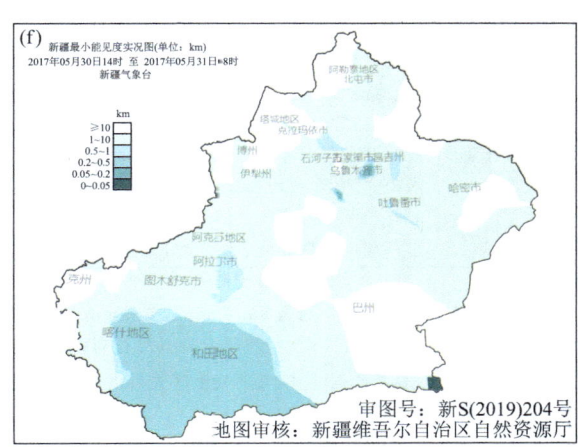

图 3.25　2017 年 5 月 30—31 日天气实况

(a)累计降水(国家站,单位:mm),(b)累计降水(含区域站,单位:mm),(c)单日最强降水(单位:mm),
(d)最大小时雨量(单位:mm),(e)过程极大风速(单位:m/s),(f)过程最小能见度(单位:km)

②环流形势图

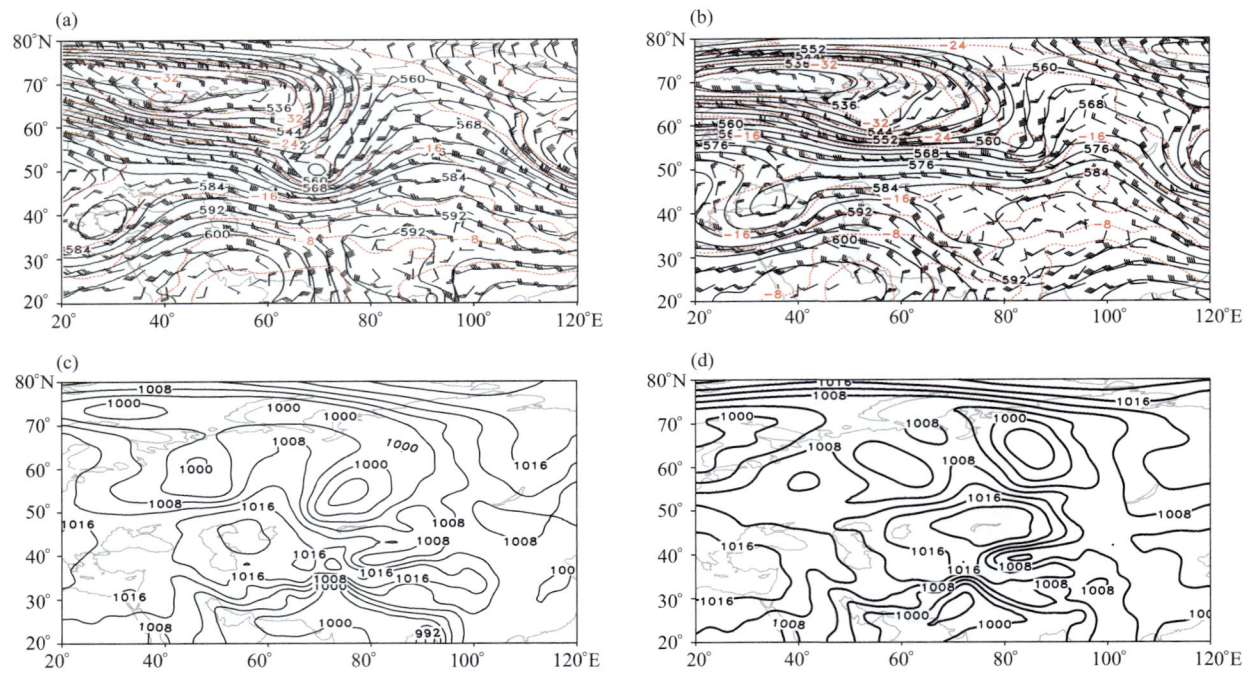

图 3.26 2017 年 5 月 30—31 日环流形势
(a)2017 年 5 月 30 日 08 时 500 hPa 形势,(b)2017 年 5 月 31 日 08 时 500 hPa 形势,
(c)2017 年 5 月 30 日 08 时海平面气压场,(d)2017 年 5 月 31 日 08 时海平面气压场

3.14 5月31日08时至6月4日17时天气过程

3.14.1 天气过程表

过程时间		5月31日08时至6月4日17时
过程强度		中度(南疆降雨)
影响系统及其演变		影响系统:高空——中亚低槽、切变线、低空偏东气流;地面——冷高压、冷锋 演变特征:500 hPa 欧亚范围中高纬度以两槽两脊经向环流为主,中低纬度两脊一槽,伊朗到里海—咸海高压脊与华南到新疆高压脊之间中亚槽加深,并有气旋式环流,里海—咸海脊东扩,推动中亚槽东移进入南疆,与此同时,西伯利亚低槽东移引导地面冷高压进入北疆,冷空气沿天山北坡堆积,从天山东部豁口翻山进入东疆,然后回流"东灌"进入南疆盆地,形成南疆盆地东部低空偏东气流,"东西夹攻"南疆降水开始,中亚槽进入南疆,部分西天山南坡缓慢东北移与低空切变线共同影响造成克州北部、阿克苏西部暴雨,向山的偏东气流为暴雨增幅;另一部分沿昆仑山北坡东移与低空切变线、地面冷锋共同影响造成巴州南部暴雨天气
灾害性天气	暴雨	过程最大降水中心分别为巴州且末县阿羌乡依山干河站、克州阿合奇县哈拉布拉克乡站,累计降雨分别为 85.7 mm、78.7 mm。克州北部、阿克苏地区西部北部、巴州共 28 站暴雨,克州北部山区 5 站大暴雨,克州阿合奇县哈拉布拉克乡站(70.5 mm);国家站克州阿合奇暴雨
	大风	全疆大部分地区先后出现 4~5 级西北风,共 172 站 8 级以上,极大风速出现在巴州和静县黄水沟山口站(32.1 m/s)
	沙尘暴	5月31日—6月1日,和田地区、巴州和阿克苏地区局部共 10 站出现扬沙或沙尘暴,其中于田、民丰、塔中、且末 4 站出现沙尘暴,民丰、且末最小能见度 300 m,出现了强沙尘暴
	强对流天气	9 站出现短时强降水,最大小时雨量 20.5 mm,6 月 1 日 13—14 时出现在阿克苏地区柯坪县苏巴什村。国家站库尔勒 1 站出现短时强降水

3.14.2 天气过程图

①天气实况图

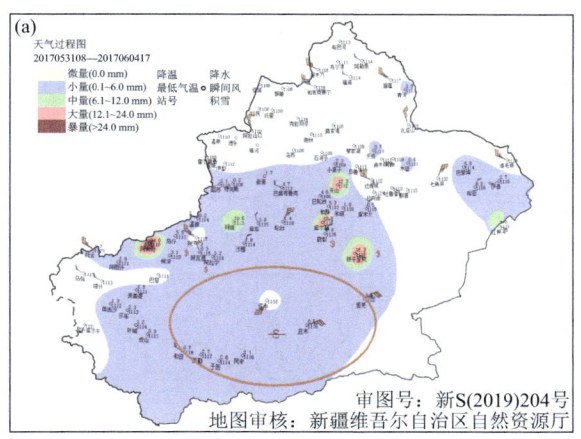
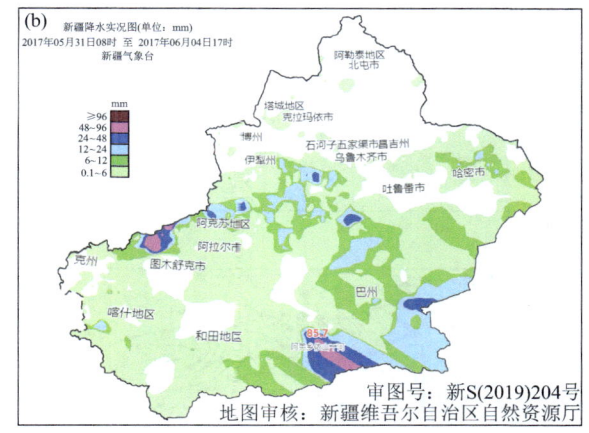
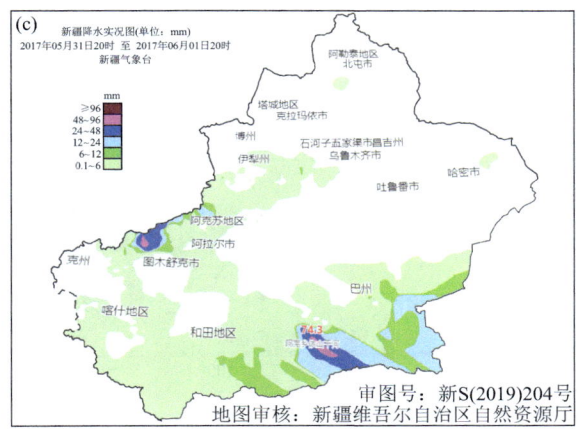
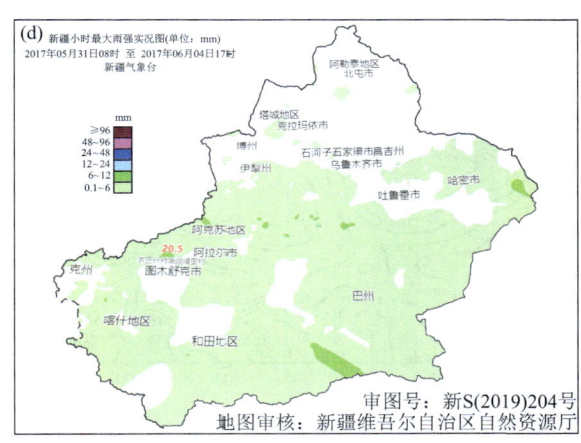
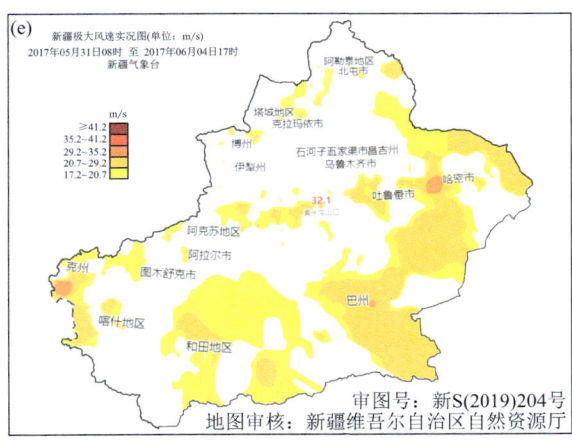
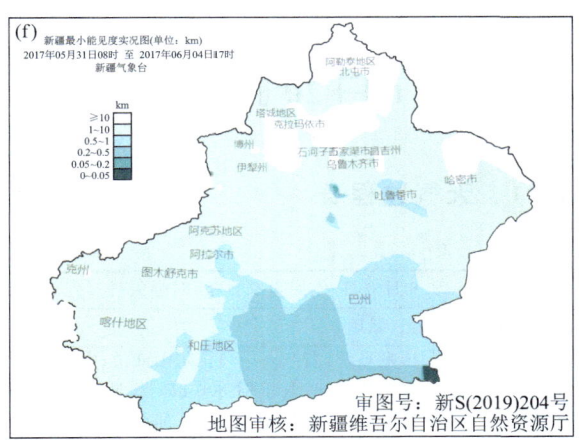

图 3.27　2017 年 5 月 31 日—6 月 4 日天气实况
(a)累计降水(国家站,单位:mm),(b)累计降水(含区域站,单位:mm),(c)单日最强降水(单位:mm),
(d)最大小时雨强(单位:mm),(e)过程极大风速(单位:m/s),(f)过程最小能见度(单位:km)

②环流形势图

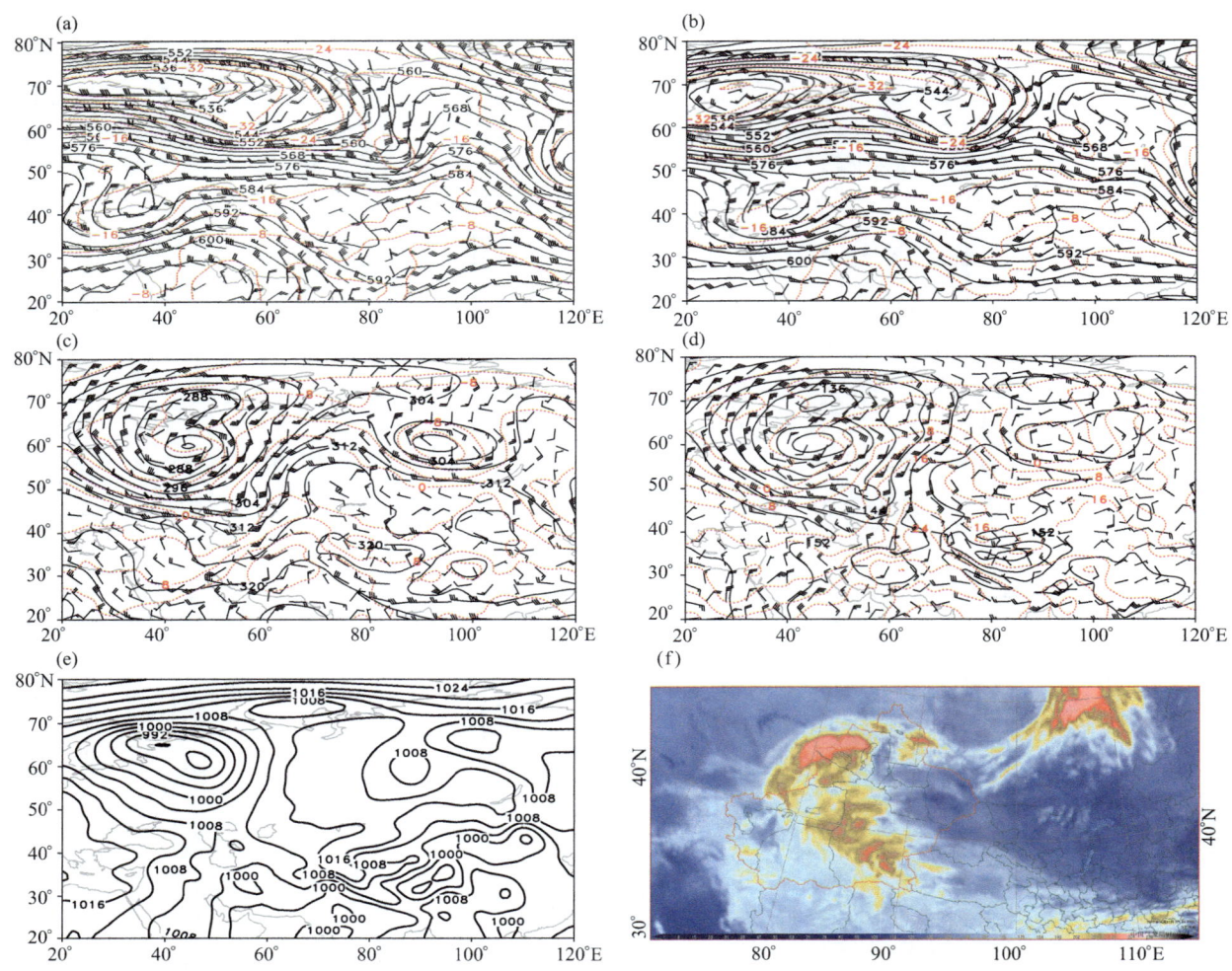

图 3.28　2017 年 5 月 31 日—6 月 3 日环流形势
(a)2017 年 5 月 31 日 08 时 500 hPa 形势,(b)2017 年 6 月 1 日 08 时 500 hPa 形势,(c)2017 年 6 月 3 日 08 时 700 hPa 形势,
(d)2017 年 6 月 3 日 08 时 850 hPa 形势,(e)2017 年 6 月 1 日 20 时海平面气压场,(f)2017 年 6 月 1 日 07 时卫星云图

3.15　6 月 6 日 20 时至 9 日 11 时天气过程

3.15.1　天气过程表

过程时间	6 月 6 日 20 时至 9 日 11 时强天气过程
过程强度	强（暴雨）
影响系统及其演变	影响系统：高空——乌拉尔山低槽、中亚槽、切变线、低空急流；地面——冷高压、冷锋 演变特征：6 日 08 时 500 hPa 欧亚范围内为两槽三脊的经向环流，欧洲到黑海、新疆到中西伯利亚和东亚沿岸为高压脊区，东西伯利亚到中国东部和北欧到乌拉尔山为低槽活动区，北欧到乌拉尔山低槽在乌拉尔山北端伴随深厚低涡系统，低槽主体向南伸展至 40°N,20 时低涡逆转和里海地区脊发展共同作用，向南伸展的鄂木斯克槽东移向南加深至咸海到巴尔喀什湖之间，随着里海脊东扩推动咸海到巴尔喀什湖槽东移与中亚槽叠加进入新疆，下游脊阻挡巴尔喀什湖槽进入新疆移速缓慢影响时间长，南、北叠加槽前西南到偏南气流建立，受到乌拉尔山地区低涡冷空气的持续补充槽后西北气流明显，影响槽切变强动力条件好、冷暖交绥利于锋生，与低空切变线、冷锋共同影响造成北疆暴雨天气，700 hPa 以下深厚低空偏西急流为向西开口、西低东高的伊犁河谷暴雨增幅，向山的偏北低空气流为天山北坡暴雨增幅。此次天气过程前位于巴尔喀什湖附近的冷高压与控制新疆热低压之间气压差超过 20 hPa,随着高空槽引导地面冷空气进入北疆和翻山进入南疆盆地，造成部分区域的大风和沙尘天气

续表

灾害性天气	暴雨	过程最大降水中心昌吉州阜康市三工河乡天池景区马牙山站,累计降雨 89.6 mm。伊犁州、博州、塔城地区、阿勒泰地区东部、乌鲁木齐市、昌吉州等地共 169 站暴雨,伊犁州南部、阿勒泰地区东部、乌鲁木齐市山区、昌吉州东部共 12 站大暴雨。国家站新源、特克斯、精河、阿勒泰、富蕴、小渠子、白杨沟、木垒 8 站暴雨,天池 1 站大暴雨
	大风	全疆大部分地区先后出现 5～6 级西北风,共 354 站 8 级以上,7 站 12 级以上,最大风速出现在阿克苏地区乌什县英阿特站,瞬时极大风 35.3 m/s
	沙尘暴	和田地区、巴州、吐鲁番市和阿克苏地区、石河子市的局部区域共 16 站出现扬沙或沙尘暴,其中墨玉、和田、于田、民丰、若羌县、铁干里克、吐鲁番东坎 7 站出现沙尘暴
	强对流天气	58 站出现短时强降水,5 站小时雨量超过 20 mm,最大小时雨量 30.9 mm,6 日 22—23 时出现在博州温泉县苏鲁北津站。国家站精河 1 站出现短时强降水 6 月 6 日夜间博州温泉县出现雷雨大风等强对流天气,哈日布呼镇出现冰雹,冰雹直径 0.3～0.5 cm。6 月 7 日 18 时至 23 时 45 分阿克苏地区阿瓦提县、温宿县、阿拉尔市、沙雅县相继出现冰雹,阿瓦提县冰雹最大直径 3.4 cm,最大平均重量 4 g,持续时间 18 min;温宿县冰雹最大直径 4 cm,持续 10 min;阿拉尔市冰雹最大直径 0.4 cm,持续 5 min

3.15.2 天气过程图

① 天气实况图

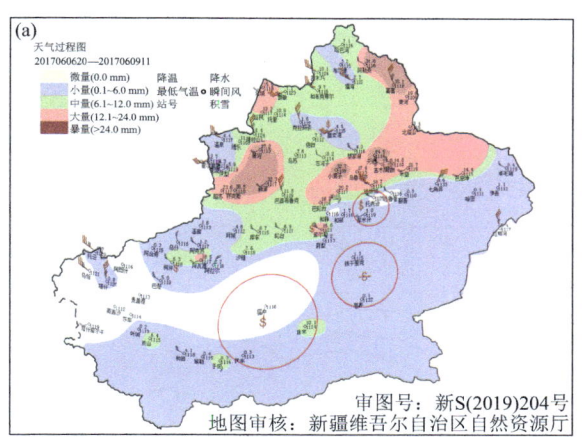

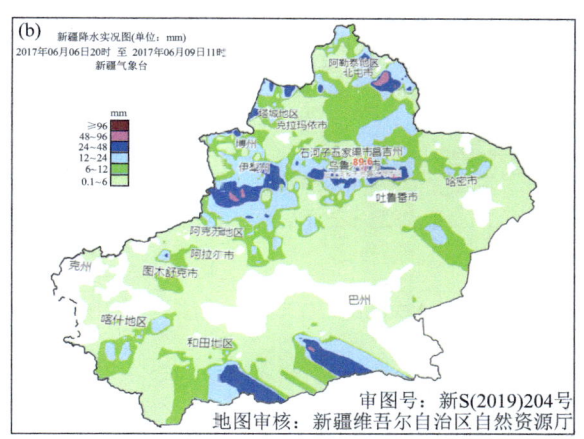

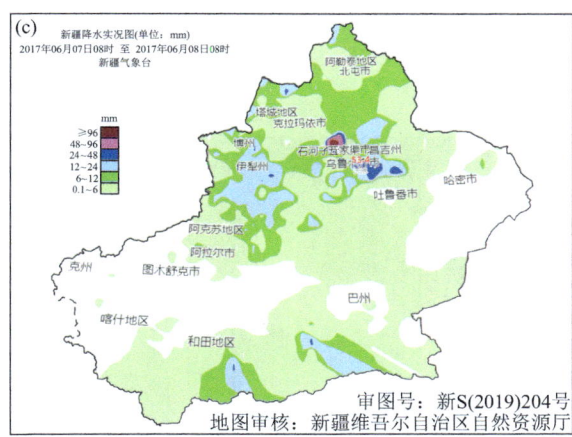

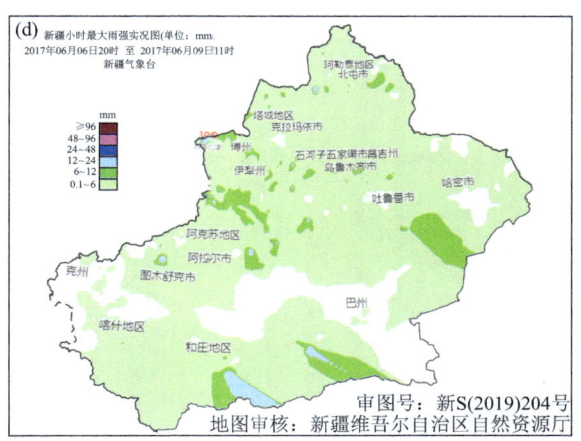

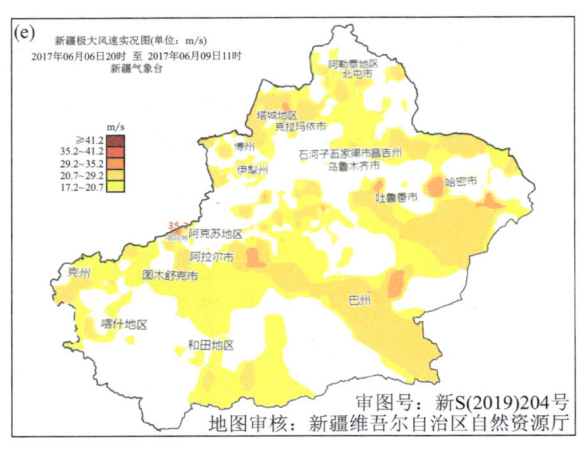
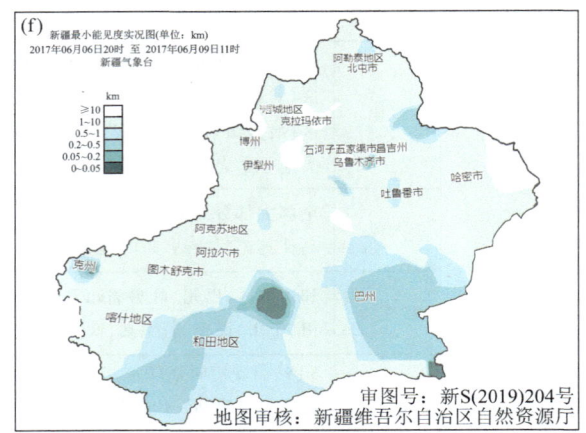

图 3.29　2017 年 6 月 6—9 日天气实况

(a)累计降水(国家站,单位:mm),(b)累计降水(含区域站,单位:mm),(c)单日最强降水(单位:mm),
(d)最大小时雨强(单位:mm),(e)过程极大风速(单位:m/s),(f)过程最小能见度(单位:km)

②环流形势图

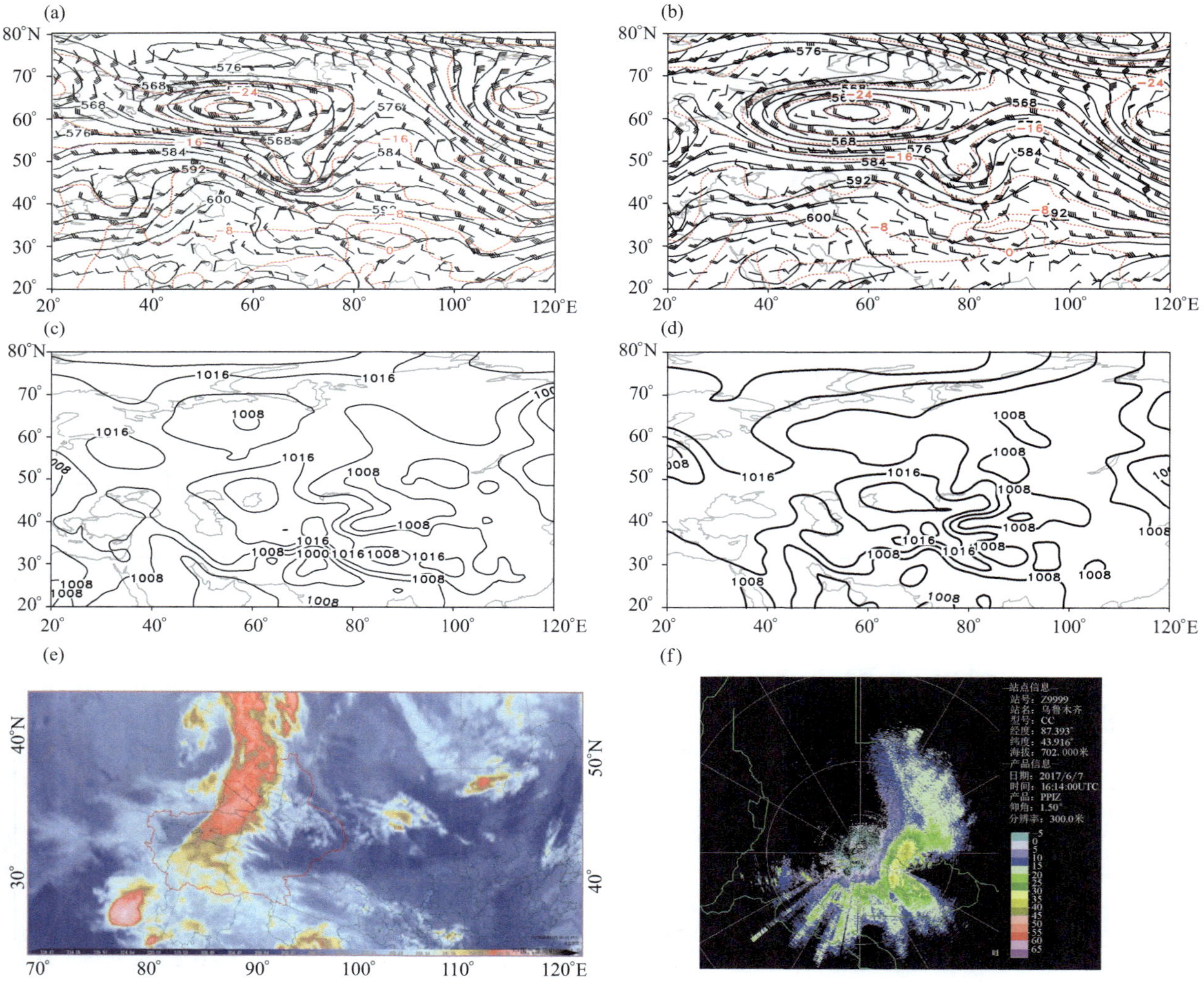

图 3.30　2017 年 6 月 6—8 日环流形势

(a)2017 年 6 月 6 日 20 时 500 hPa 形势,(b)2017 年 6 月 7 日 20 时 500 hPa 形势,(c)2017 年 6 月 7 日 02 时海平面气压场,
(d)2017 年 6 月 7 日 14 时海平面气压场,(e)2017 年 6 月 7 日 08 时卫星云,(f)2017 年 6 月 8 日 00 时 14 分乌鲁木齐雷达回波

3.16 6月13日至23日高温天气过程

3.16.1 天气过程表

起止时间	2017年6月13日至22日
天气强度	高温(中等强度)
影响系统及其演变	2017年6月13日,500 hPa上青藏高压西伸进入新疆,15日伊朗副热带高压东伸北抬,584 dagpm等值线控制南疆大部分地区和东疆地区、北疆地区受西西伯利亚高压脊控制;16—22日,北疆地区主要受西西伯利亚地区高压脊的持续影响;该高压脊强烈发展,脊顶北伸至70°N附近,移动缓慢,南疆地区主要受伊朗副热带高压的持续影响,该高压脊东伸北抬并稳定控制南疆,随后在南疆上空稳定维持,强度增强。700 hPa和850 hPa,新疆上空暖脊强烈发展,13—22日,700 hPa北疆大部分地区气温上升至11~13℃;南疆和东疆地区上升至15~18℃;850 hPa,北疆大部分地区气温上升至25~27℃;南疆和东疆地区上升至33~36℃。此次高温过程中,海平面气压场呈"东高西低"形态,全疆大部分地区持续降压。23日,控制北疆的高压脊减弱东移,伊朗副热带高压减弱西退,此次高温过程结束
灾害性天气	高温	高温天气持续10 d;全疆64个(61.0%)国家气象站日最高气温≥35℃,其中31站日最高气温≥37℃,6站≥40℃,2站≥45℃;全疆含区域站的1740站中,共计829站日最高气温≥35℃,占47.6%,其中445站日最高气温≥37℃,64站≥40℃,12站≥45℃;6月16日高温范围最大,当日全疆638个测站的日最高气温≥35℃,其中272站≥37℃,48站≥40℃,8站≥45℃;日最高气温极值出现在22日15时巴州且末县阿羌乡卡拉米兰河站,日最高气温为48.0℃

3.16.2 天气过程图

①天气实况图

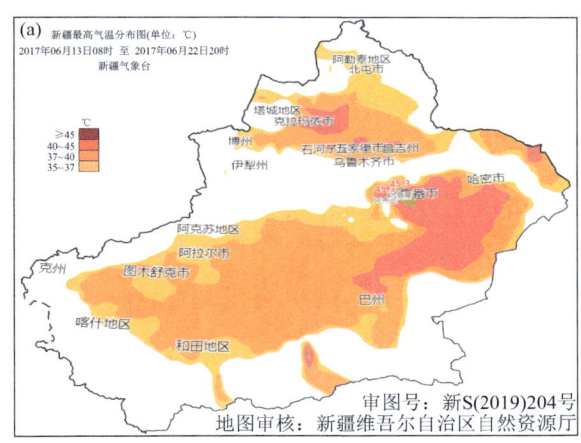
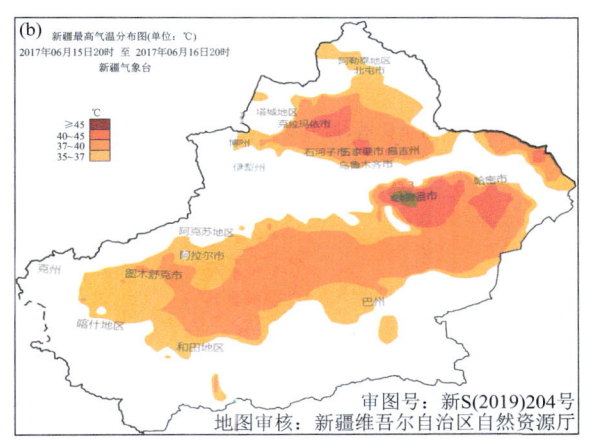

图3.31 2017年6月13—22日天气实况
(a)过程最高气温分布(单位:℃),(b)最强高温日高温实况(单位:℃)

②环流形势图

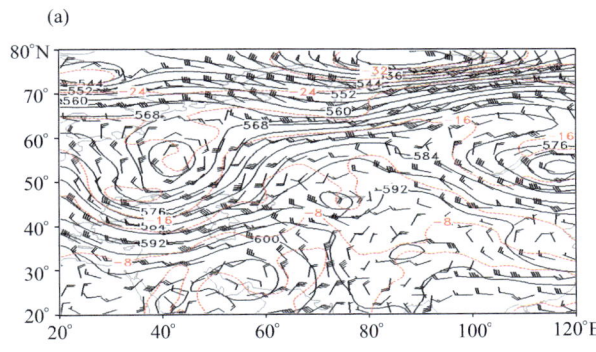
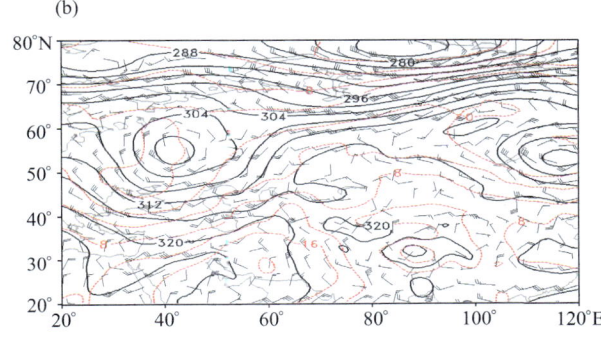

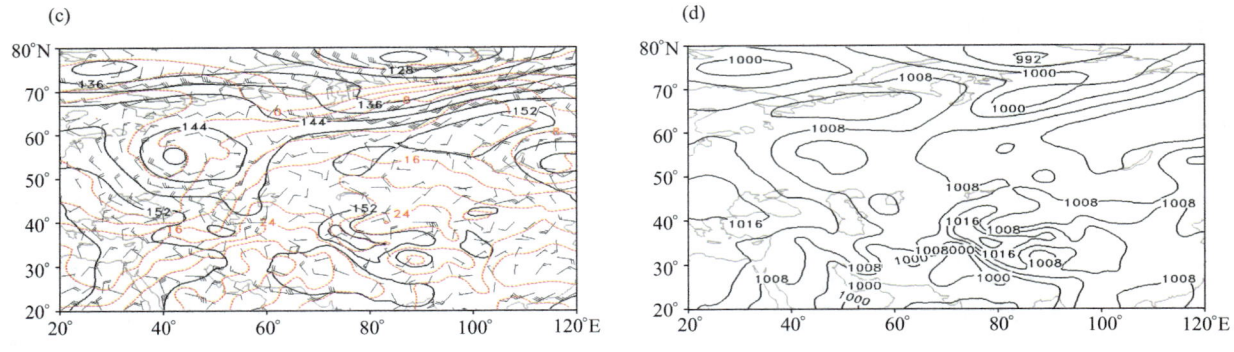

图 3.32　2017 年 6 月 16 日 08 时环流形势
(a)500 hPa 形势场,(b)700 hPa 形势场,(c)850 hPa 形势场,(d)海平面气压场

3.17　6 月 24 日 08 时至 27 日 20 时天气过程

3.17.1　天气过程表

过程时间	06 月 24 日 08 时至 27 日 20 时	
过程强度	中强(强对流降水)	
影响系统及其演变	影响系统:高空——乌拉尔低槽、中亚槽、切变线;地面——冷高压、冷锋、中小尺度辐合线 演变特征:500 hPa 欧亚范围内为两槽一脊的经向环流,新疆到东西伯利亚为高压脊区,朝鲜半岛到华东和乌拉尔地区为低槽活动区,黑海至巴尔喀什湖处于宽广的乌拉尔大槽底部,南欧脊发展欧洲中部到咸海南侧为西北—东南走向阶梯槽,接力输送冷空气南下使巴尔喀什湖槽向南加深并与中亚短波槽叠加,随着乌拉尔大槽逆转带动该槽东北移,由于下游脊的阻挡作用,使得低槽移速缓慢,500 hPa 冷槽中层冷侵入,增加热力不稳定,地面冷锋满足初始的动力抬升,高空冷槽、地面冷锋与切变线、地面中小尺度辐合线共同影响造成以对流性降水为主的天气	
灾害性天气	暴雨	过程最大降水中心伊犁州尼勒克县莫托沟站,累计降雨 70.3 mm,主要降雨时段 25 日 18 时至 26 日 12 时。伊犁州南部东部、塔城地区、阿勒泰地区、石河子市、昌吉州、乌鲁木齐市山区、喀什地区、克州、阿克苏地区西部、巴州北部山区、吐鲁番市北部山区、哈密市北部等地共 106 站暴雨,伊犁州东部、塔城地区、乌鲁木齐市南部山区、克州山区、阿克苏西部北部山区、吐鲁番市北部山区 8 站大暴雨。国家站白杨沟、奇台 2 站暴雨
	大风	南、北疆部分区域出现 5 级左右西北风(巴州南部为偏东风),188 站 8 级以上,极大风速出现在克州阿合奇县苏木塔什乡站 31.5 m/s
	沙尘暴	和田地区、巴州南部和喀什地区、阿克苏地区的局部区域出现扬沙或沙尘暴,其中铁干里克、若羌 2 站出现沙尘暴
	强对流天气	85 站出现短时强降水,16 站小时雨量超过 20 mm,4 站小时雨量超过 30 mm,最大小时雨量 33.8 mm,24 日 17—18 时出现在乌鲁木齐市白杨沟站;国家站白杨沟、阿勒泰、巴里坤、和丰、天池 5 站出现短时强降水,白杨沟、阿勒泰小时雨量超过 20 mm 巴里坤出现冰雹

3.17.2 天气过程图

① 天气实况图

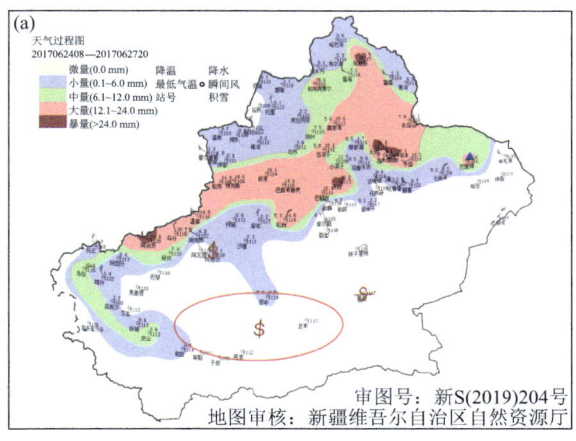
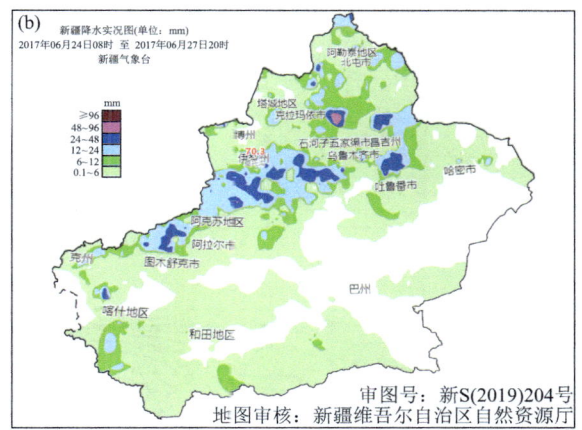
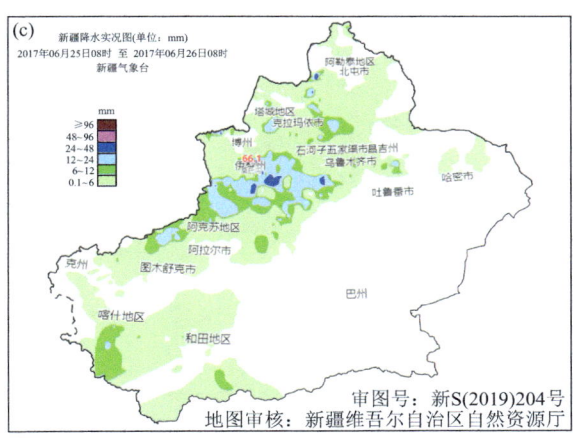
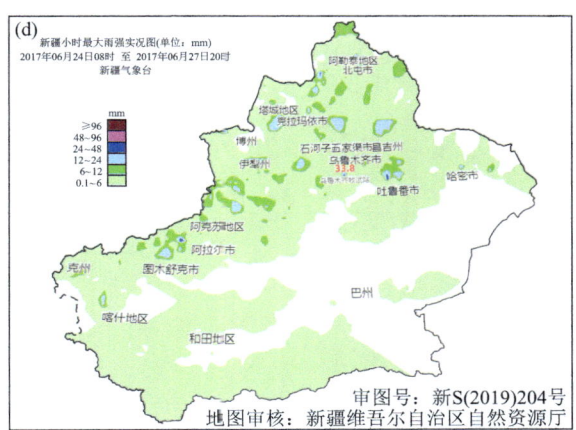
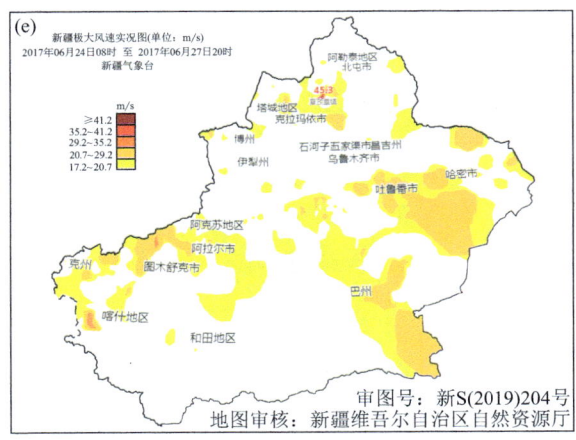
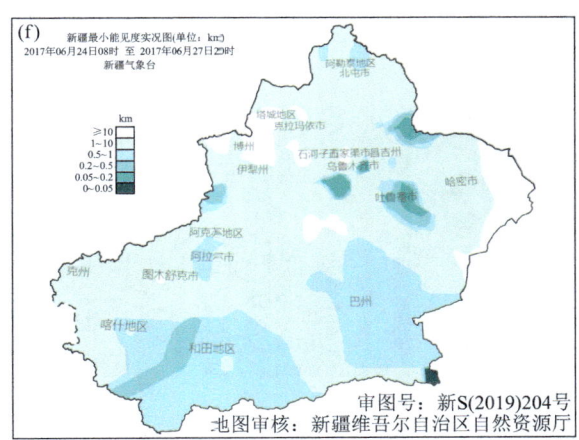

图 3.33　2017 年 6 月 24—27 日天气实况

(a)累计降水(国家站,单位:mm),(b)累计降水(含区域站,单位:mm),(c)单日最强降水(单位:mm),
(d)最大小时雨量(单位:mm),(e)过程极大风速(单位:m/s),(f)过程最小能见度(单位:km)

②环流形势图

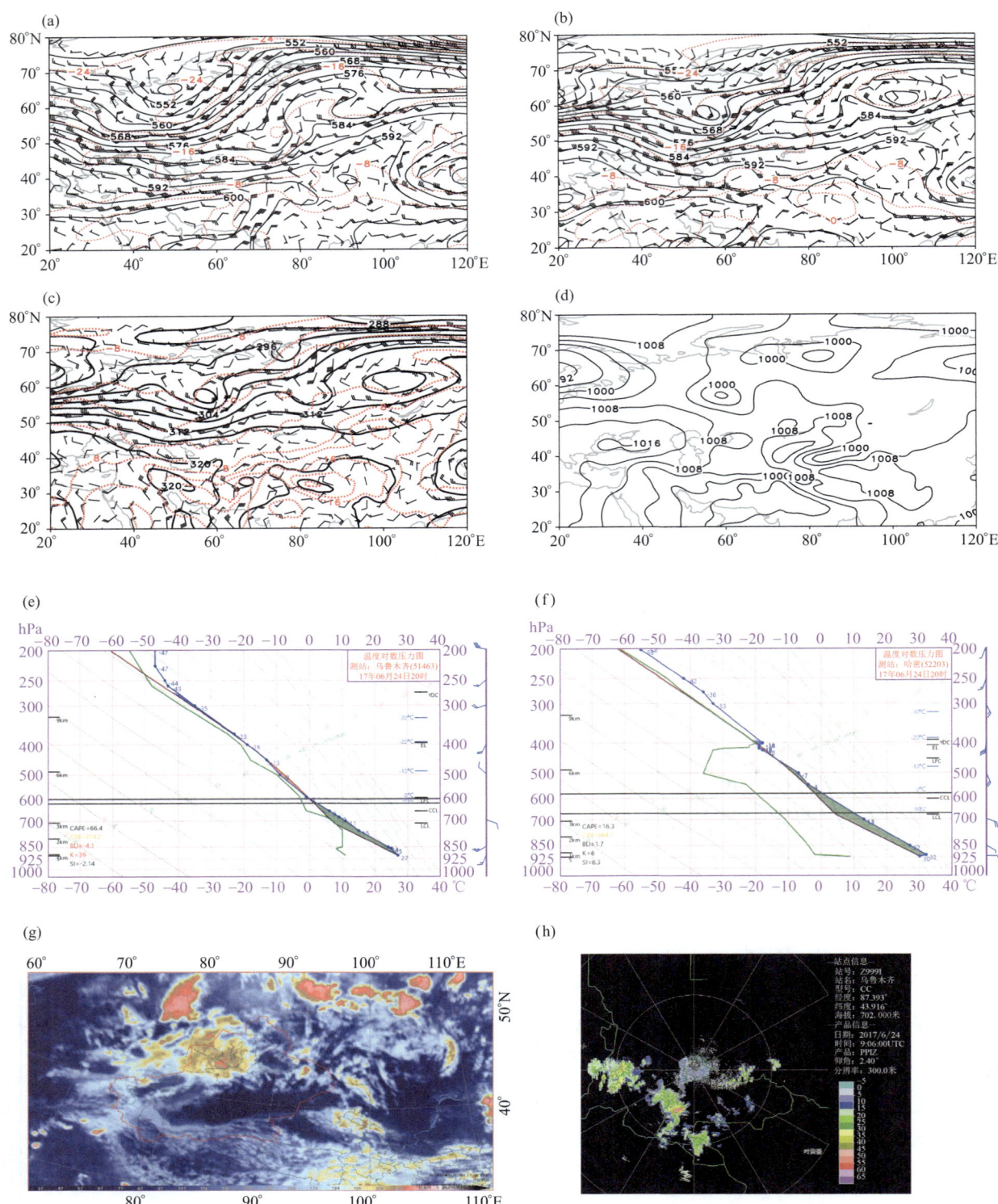

图 3.34　2017 年 6 月 24—26 日环流形势

(a)2017 年 6 月 24 日 08 时 500 hPa 形势,(b)2017 年 6 月 25 日 20 时 500 hPa 形势,
(c)2017 年 6 月 25 日 20 时 700 hPa 形势,(d)2017 年 6 月 25 日 20 时海平面气压场(单位:hPa),
(e)2017 年 6 月 24 日 20 时乌鲁木齐 T-LOGP,(f)2017 年 6 月 24 日 20 时哈密 T-LOGP,
(g)2017 年 6 月 25 日 17 时卫星云图,(h)2017 年 6 月 24 日 17 时 06 分乌鲁木齐雷达回波

3.18　6月27日20时至7月1日20时天气过程

3.18.1　天气过程表

过程时间	6月27日20时至7月1日20时	
过程强度	中强(强降水)	
影响系统及其演变	影响系统:高空——西西伯利亚低槽、中亚低值系统、高空急流、700 hPa切变线;地面——冷高压、冷锋 演变特征:27日08时500 hPa欧亚范围内中高纬一脊一槽经向环流,欧洲到西西伯利亚为宽广的低槽活动区,西西伯利亚低槽南伸至30°N附近,中东西伯利亚到蒙古国为高压脊区;27日20时至29日08时,由于伊朗副热带高压北挺东扩,使得巴尔喀什湖至塔什干低值系统东南移,东南移过程中下游脊阻挡,移速缓慢,切变加强且曲率变大,与200 hPa高空急流、700 hPa切变线、地面冷锋共同影响,造成南、北疆偏西地区较强降水;29日08时至30日08时,伊朗副热带高压东扩,影响槽东移北收,受到北方冷空气的补充加深且配合一根闭合等值线,降雨区北抬至北疆偏西和中天山北坡;30日08时至7月1日20时,伊朗副热带高压外围廊线继续东北扩,低值系统持续加深且东北移至北疆北部造成塔城北部和阿勒泰强降水。此次天气过程中位于巴尔喀什湖附近的冷高压与南疆东部热低压之间压差超过20 hPa,造成全疆部分地区的大风和南疆盆地的沙尘天气	
灾害性天气	暴雨	过程最大降水中心塔城地区和丰县克孜黑亚村站,累计降雨119.3 mm。伊犁州、博州西部、塔城地区北部、阿勒泰地区、昌吉州东部、克州、和田地区东部、阿克苏地区北部、巴州南部山区、吐鲁番市北部山区、哈密市北部山区共159站暴雨,伊犁州南部东部、塔城地区北部、阿勒泰地区西部山区、和田地区西部山区、阿克苏地区北部山区、吐鲁番市北部山区、哈密市北部山区共26站大暴雨。国家站哈巴河、布尔津、奇台、新源、特克斯5站暴雨
	大风	北疆大部分地区和南疆偏西地区先后出现4~5级西北风,共132站8级以上,最大风速出现在喀什地区塔什库尔干塔吉自治县下板地水库29 m/s
	沙尘暴	28—29日,和田地区、巴州南部共9站出现扬沙或沙尘暴,其中民丰出现沙尘暴
	强对流天气	60站出现短时强降雨,8站小时雨量超过20 mm,最大小时雨量37.5 mm,6月30日14—15时出现在阿勒泰地区哈巴河县合孜勒哈克村。国家站福海、布尔津、哈巴河、乌恰4站出现短时强降雨 伊犁州昭苏县察汗乌苏乡2017年6月27日20时41分出现冰雹,冰雹最大直径4 cm,持续时间12 min

3.18.2　天气过程图

①天气实况图

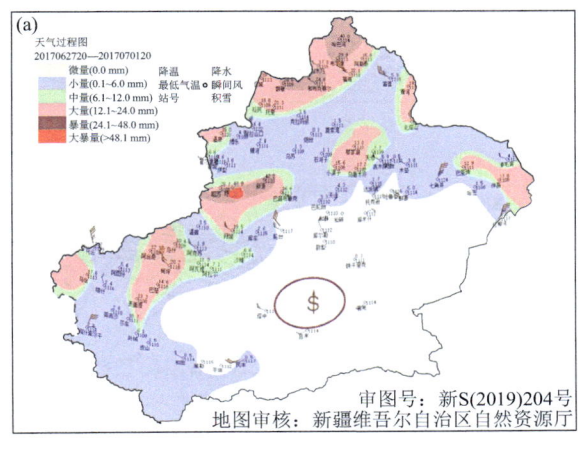
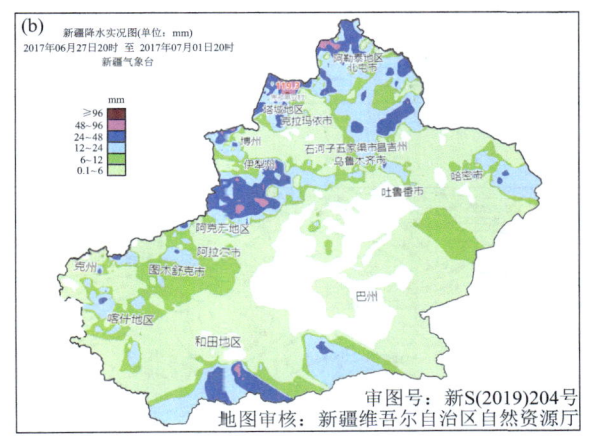

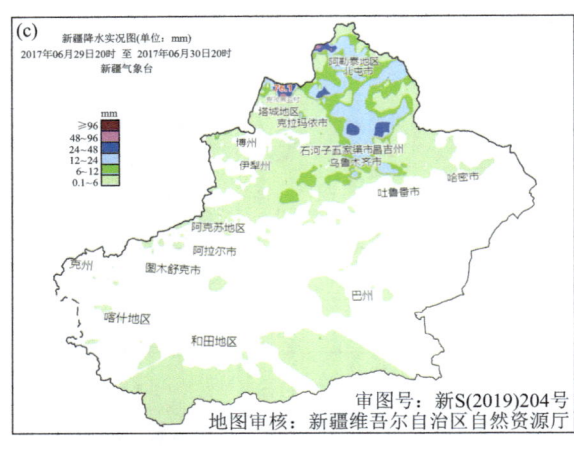
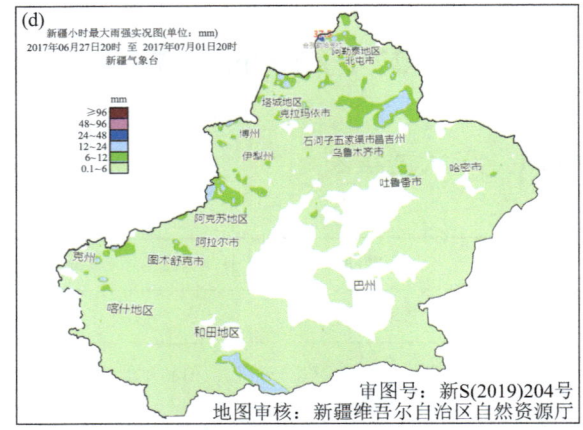
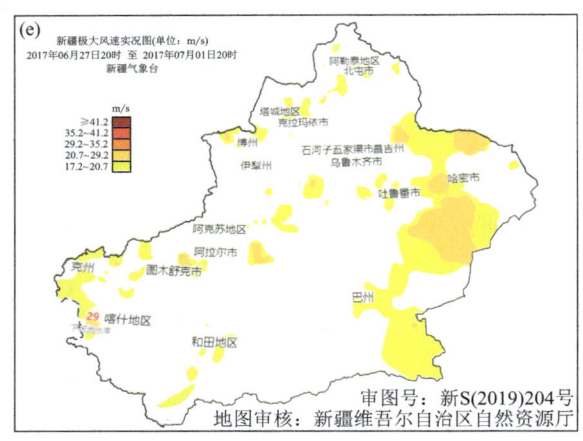
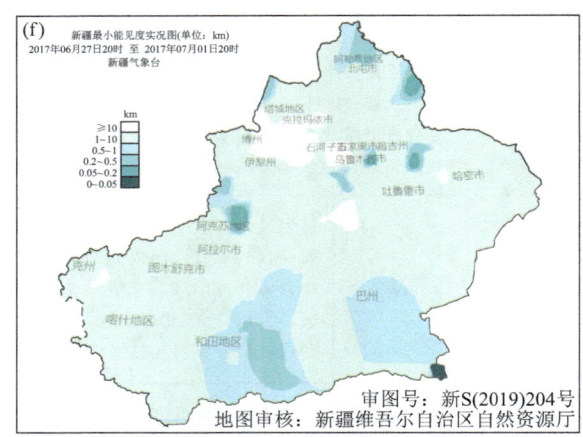

图3.35 2017年6月27日—7月1日天气实况
(a)累计降水(国家站,单位:mm),(b)累计降水(含区域站,单位:mm),(c)单日最强降水(单位:mm),
(d)最大小时雨量(单位:mm),(e)过程极大风速(单位:m/s),(f)过程最小能见度(单位:km)

②环流形势图

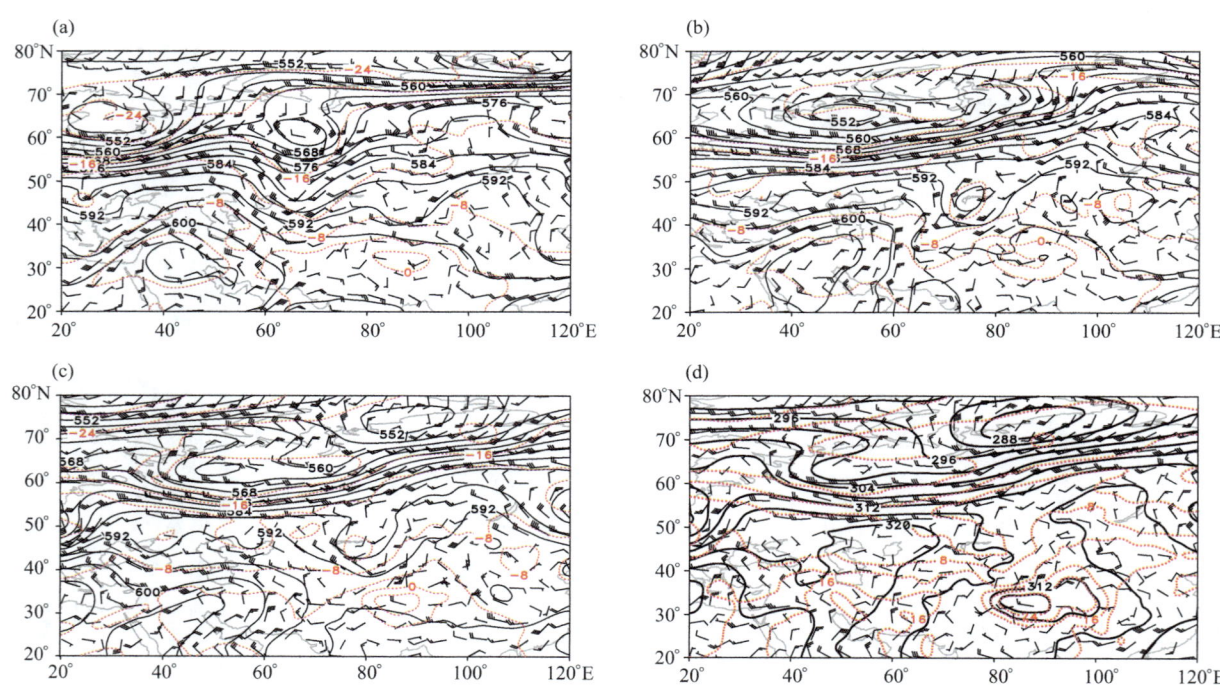

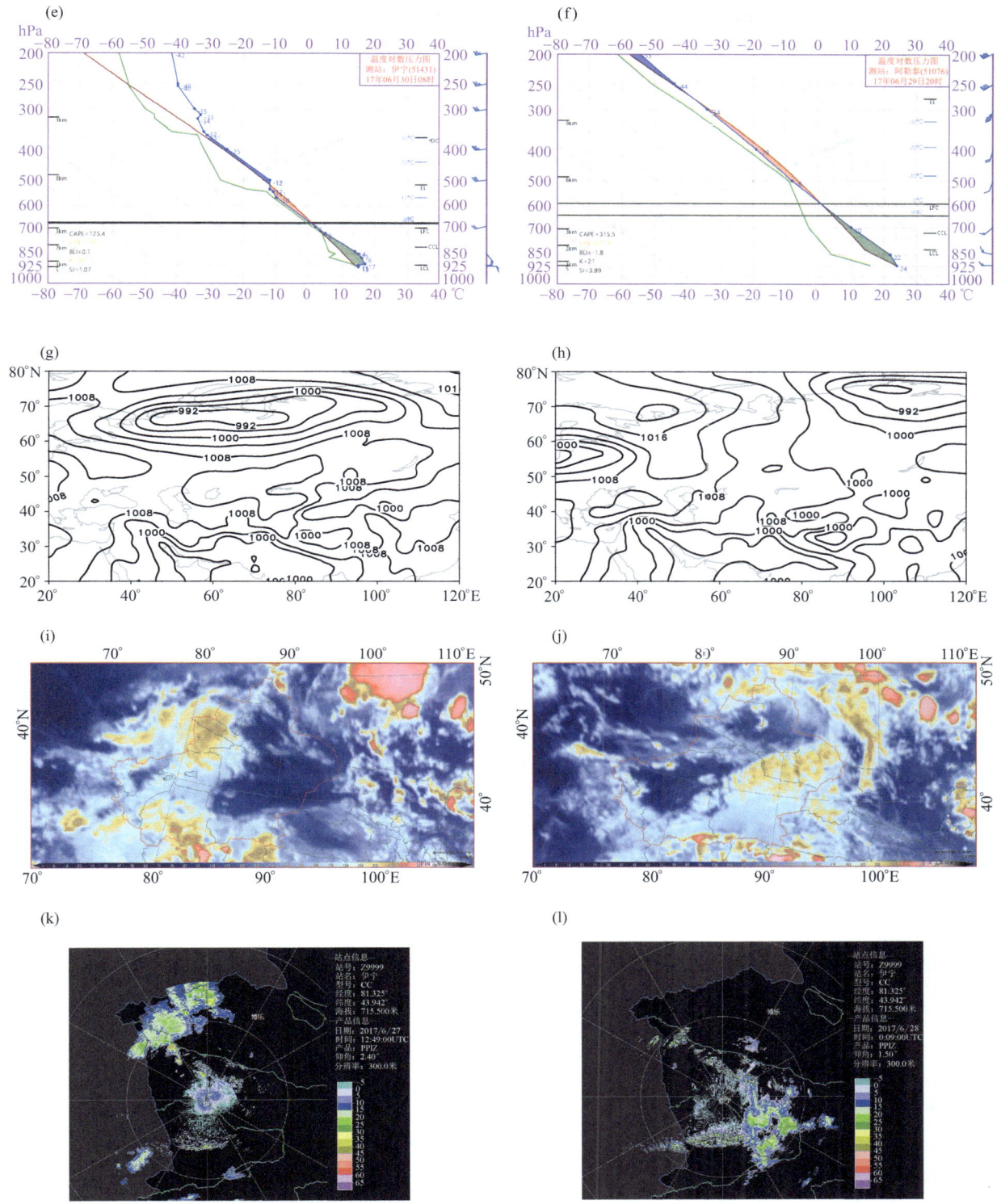

图 3.36 2017 年 6 月 27—30 日环流形势

(a)2017 年 6 月 27 日 08 时 500 hPa 形势,(b)2017 年 6 月 28 日 20 时 500 hPa 形势,(c)2017 年 6 月 29 日 20 时 500 hPa 形势,(d)2017 年 6 月 29 日 20 时 700 hPa 形势,(e)2017 年 6 月 30 日 08 时伊宁 T-LOGP,(f)2017 年 6 月 29 日 20 时阿勒泰 T-LOGP,(g)2017 年 6 月 28 日 20 时海平面气压场,(h)2017 年 6 月 30 日 20 时海平面气压场,(i)2017 年 6 月 28 日 20 时卫星云图,(j)2017 年 6 月 30 日 20 时卫星云图,(k)2017 年 6 月 27 日 20 时 49 分伊宁雷达回波,(l)2017 年 6 月 28 日 08 时 09 分伊宁雷达回波

3.19　7月1日20时至7月6日20时天气过程

3.19.1　天气过程表

过程时间	7月1日20时至7月6日20时	
过程强度	中度	
影响系统及其演变	影响系统：高空——西西伯利亚低槽、中亚低值系统、700 hPa切变线、850 hPa偏东气流；地面——冷高压、冷锋 演变特征：500 hPa欧亚范围中高纬为两脊一槽的经向环流，过程前期里海—咸海高压脊分裂正变高东南落，一方面推动西西伯利亚低槽东南移造成塔城北部、阿勒泰降水，另一方面切断中亚低值系统，在塔什干附近形成一根等值线的气旋性环流并分裂短波进入南疆西部，造成该区域第一波降水；过程中后期伊朗副热带高压东伸，中亚低值系统逆转缓慢东移过程中不断分裂短波进入南疆，与西西伯利亚东南移的冷空气回流"东灌"的850 hPa偏东气流"东西夹攻"与700 hPa切变线共同影响造成西天山余脉和昆仑山北坡较强降水	
灾害性天气	暴雨	过程最大降水中心和田地区于田县吐格曼巴什站，累计降雨102.5 mm。塔城地区北部山区、阿勒泰地区西部、昌吉州南部山区、喀什地区、克州、和田地区共39站暴雨，阿勒泰地区西部、昌吉州南部山区、和田地区共4站大暴雨，国家级气象站吐尔尕特1站暴雨
	大风	南、北疆部分区域出现5级左右西北风，共200站8级以上，极大风速出现在塔城地区和丰县夏孜盖镇（31.9 m/s）
	沙尘暴	和田地区、巴州南部、吐鲁番市共7站出现扬沙或沙尘暴，其中若羌、塔中、吐鲁番东坎3站出现沙尘暴
	强对流天气	59站出现短时强降水，7站小时雨量超过20 mm，最大小时雨量57.7 mm，7月2日06—07时，出现在阿勒泰地区福海县博塔莫英站。国家级气象站哈巴河、富蕴两站出现短时强降水

3.19.2　天气过程图

①天气实况图

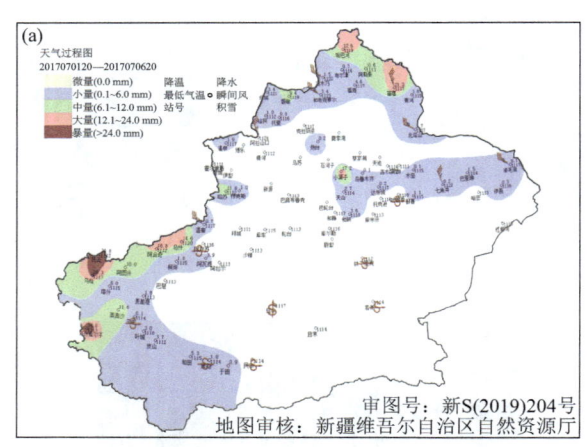

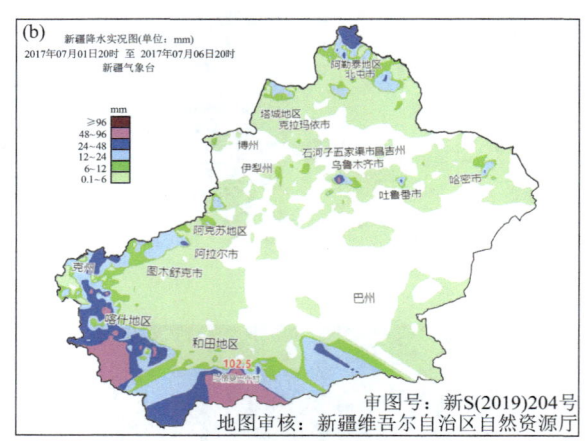

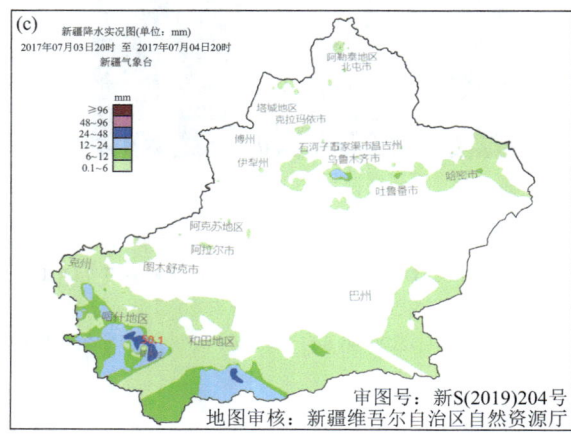

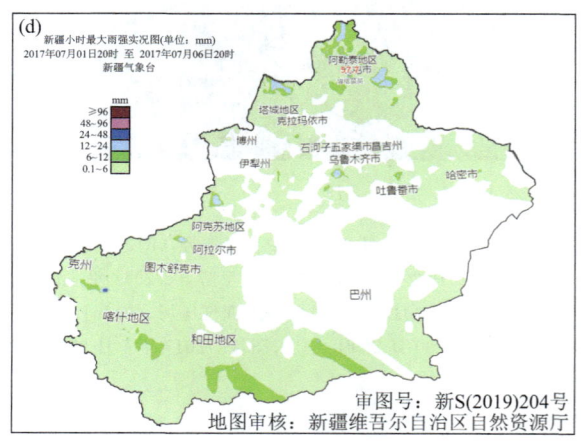

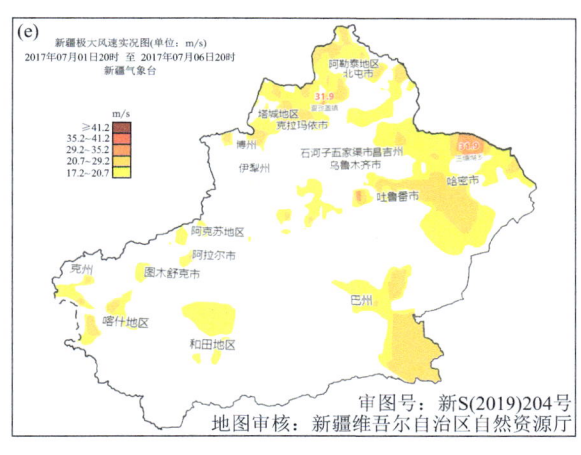
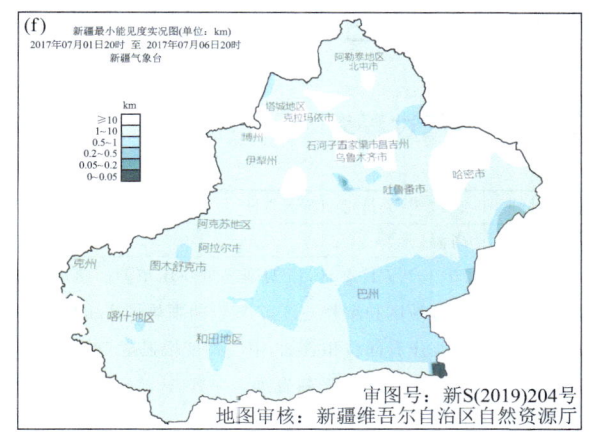

图 3.37　2017 年 7 月 1—6 日天气实况

(a)累计降水(国家站,单位:mm),(b)累计降水(含区域站,单位:mm),(c)单日最强降水(单位:mm),
(d)最大小时雨强(单位:mm),(e)过程极大风速(单位:m/s),(f)过程最小能见度(单位:km)

② 环流形势图

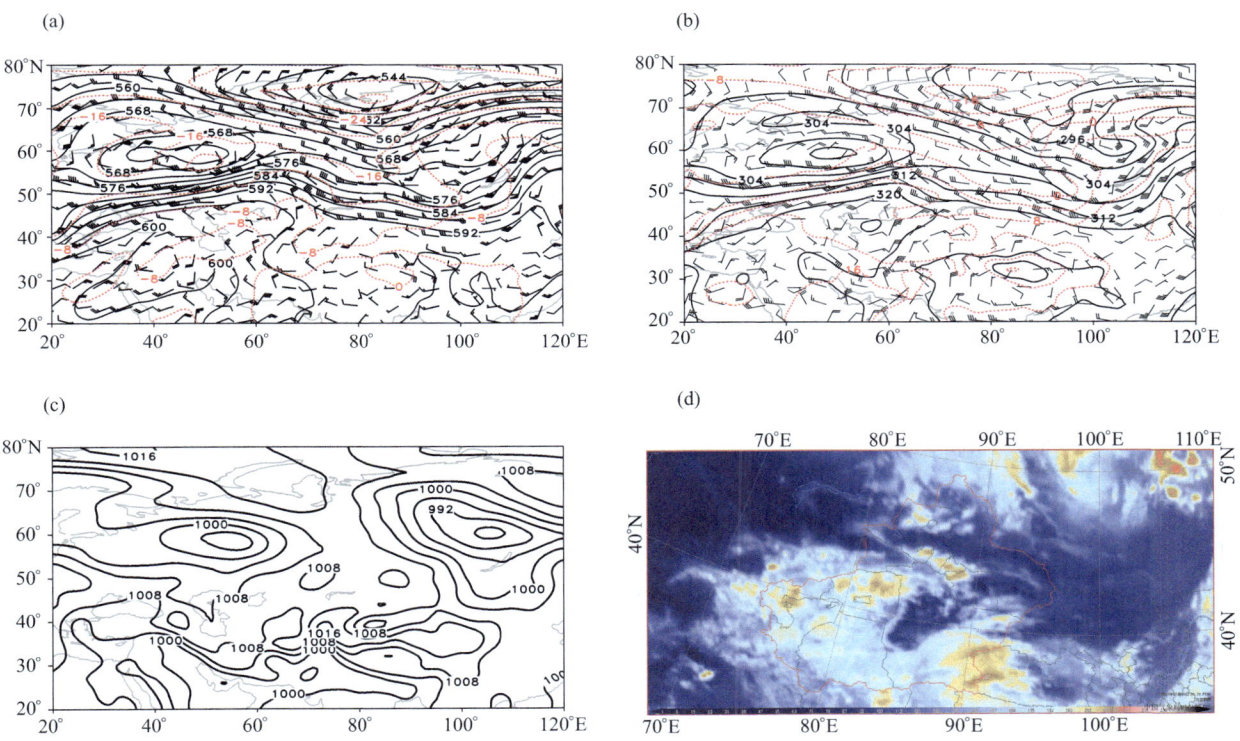

图 3.38　2017 年 7 月 3 日环流形势

(a)2017 年 7 月 3 日 08 时 500 hPa 形势,(b)2017 年 7 月 3 日 08 时 700 hPa 形势,
(c)2017 年 7 月 3 日 08 时海平面气压场,(d)2017 年 7 月 3 日 20 时卫星云图

3.20　7月2日至17日高温天气过程

3.20.1　天气过程表

起止时间	2017年7月2日至17日
天气强度	高温(强)
影响系统及其演变	2017年7月2日,伊朗副热带高压东伸影响南疆地区,5日西太平洋副热带高压西伸北挺,584 dagpm等值线控制南疆大部分地区和东疆地区,7日伊朗副热带高压快速东移控制南疆偏西地区,8—17日,伊朗副热带高压继续加强北抬东扩与北支高压脊同位相叠加,中心强度增强至592 dagpm,伊朗副热带高压持续维持在新疆上空,稳定少动。700 hPa和850 hPa,新疆上空暖脊强烈发展,2—17日,700 hPa北疆大部分地区气温上升至13～17℃;南疆和东疆地区上升至20～24℃;850 hPa,北疆大部分地区,气温上升至26～29℃;南疆和东疆地区上升至35～38℃。此次高温过程中,海平面气压场呈"东高西低"形态,全疆大部分地区持续减压。18日,伊朗副热带高压减弱南落,此次高温过程结束
灾害性天气	高温	高温天气共持续16 d;全疆85个(81.0%)国家级气象站日最高气温≥35℃,其中74站日最高气温≥37℃,34站≥40℃,4站≥45℃;全疆含区域站的1740站中,共计1253站日最高气温≥35℃,占72.0%,其中1014站日最高气温≥37℃,502站≥40℃,34站≥45℃,2站≥50℃;7月9日高温范围最大,全疆1164个测站的日最高气温≥35℃,其中900站的日最高气温≥37℃,371站≥40℃,23站≥45℃;日最高气温极值出现在10日18时吐鲁番市高昌区二堡乡站,日最高气温为50.6℃

注：上表"灾害性天气"行在原文中合并为两列，此处合并显示。

3.20.2　天气过程图

①天气实况图

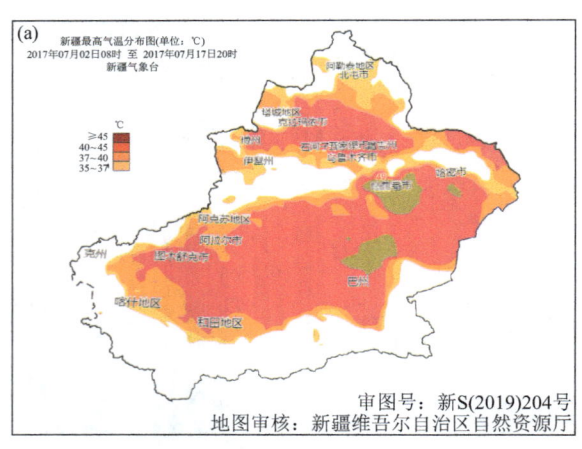
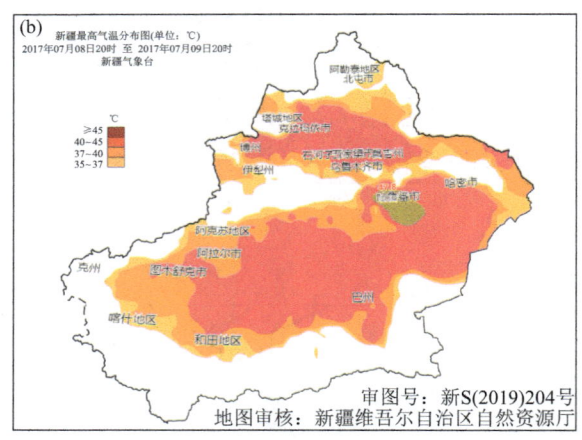

图3.39　2017年7月2—17日天气实况
(a)过程最高气温分布(单位:℃),(b)最强高温日高温实况(单位:℃)

②环流形势图

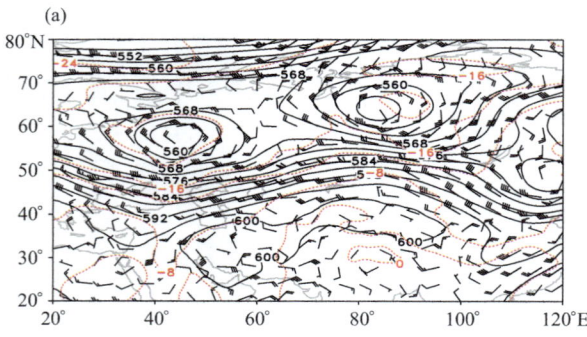
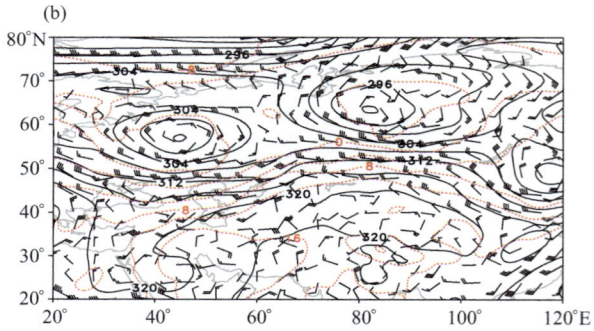

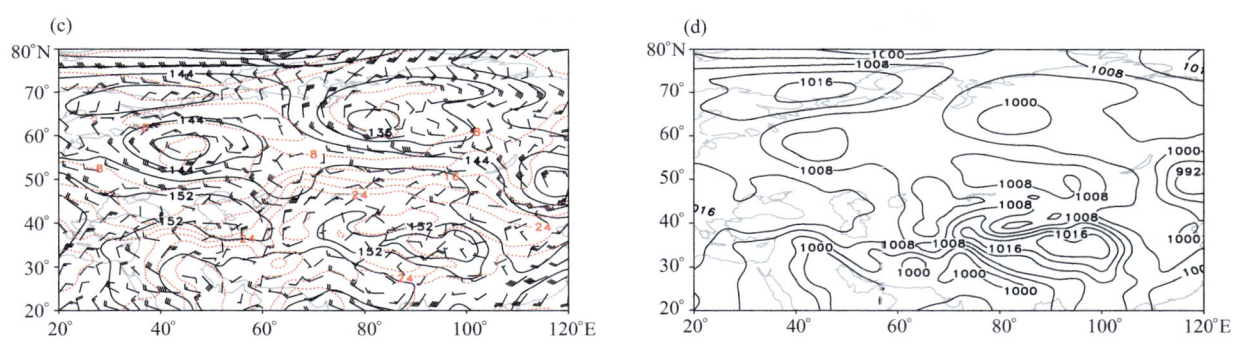

图 3.40　2017 年 7 月 9 日 08 时环流形势
(a)500 hPa 形势场，(b)700 hPa 形势场，(c)850 hPa 形势场，(d)海平面气压场

3.21　7月15日08时至7月19日20时天气过程

3.21.1　天气过程表

过程时间		7月15日08时至7月19日20时
过程强度		中强（强对流天气）
影响系统及其演变		影响系统：高空——中亚低槽、西西伯利亚低槽、高空急流、700 hPa 切变线、850 hPa 偏东急流；地面——冷高压、冷锋 演变特征：500 hPa 中高纬以经向环流为主，乌拉尔山高压脊发展，脊顶东北伸，西西伯利亚低槽切断成涡向南加深、底部南伸至中亚，沿新疆西部国境线槽前锋区明显加强，15—17日随着西西伯利亚低涡逆转，低涡外围波动东移进入新疆，由于下游西太平洋副热带高压的阻挡，进入南疆波动移速缓慢且槽前西南风转偏南风，西南偏西风与偏南风切变加强，与此同时，西太平洋副热带高压分裂高压维持在青藏高原和河西走廊一带，西北界已进入新疆，受其影响南疆东部低空偏东急流建立，短波槽与低空东急流"东西夹攻"与高空急流、700 hPa 切变线和地面冷锋共同影响造成南疆西部和中天山强降水；18—19日西西伯利亚低值系统逆转东南移再次分裂波动东移分别进入北疆和南疆盆地，与此同时西太平洋副热带高压主体东北扩，西北界再次移近若羌与青藏高原交界处，南疆东部低空偏东气流再次建立，高空短波槽与高空急流、700 hPa 切变线、低空偏东气流、地面冷锋共同影响再次造成南疆西部降水
害性天气	暴雨	过程最大降水中心和田地区皮山县阔什塔格乡吐格曼站，累计降雨 73.4 mm。博州西部、塔城地区南部山区、乌鲁木齐市南部山区、喀什地区、克州、和田地区、阿克苏地区、巴州北部山区等地共 44 站暴雨，喀什地区南部山区 2 站大暴雨。国家站天山大西沟、麦盖提、叶城、皮山、巴仑台 5 站暴雨
	大风	南、北疆部分区域先后出现 5 级左右西北阵风，共 179 站 8 级以上，1 站 12 级以上，极大风速出现在哈密市伊州区十三间房站 33.1 m/s
	沙尘暴	15—16日，和田地区、巴州南部出现扬沙或沙尘暴，其中民丰出现沙尘暴
	强对流天气	79 站出现短时强降水，12 站小时雨量超过 20 mm，最大小时雨量 41.6 mm，16 日 02—03 时出现在喀什地区叶城县乌吉热克乡 14 村。国家级气象站叶城、麦盖提、巴楚、岳普湖、柯坪、乌恰、皮山 7 站出现短时强降水喀什地区巴楚县英吾斯塘乡 2017 年 7 月 17 日 22 时出现冰雹，冰雹最大直径 0.4 cm，持续时间 3 min；喀什地区疏勒县 2017 年 7 月 19 日 20 时 10 分出现冰雹，冰雹最大直径 0.8 cm，持续时间 25 min；伊犁州昭苏县夏特乡、胡松图哈尔逊乡 2017 年 7 月 19 日 19 时 30 分出现冰雹，冰雹最大直径 2 cm

3.21.2 天气过程图

①天气实况图

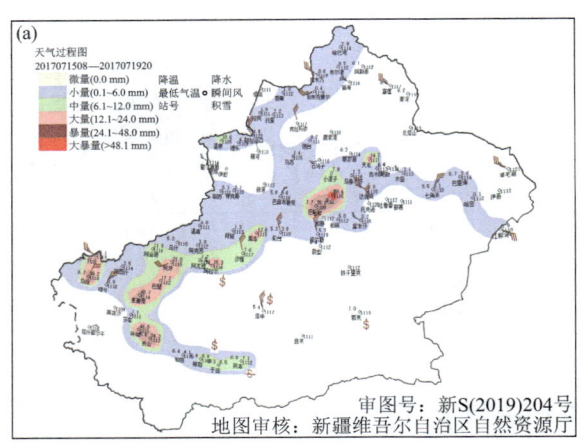
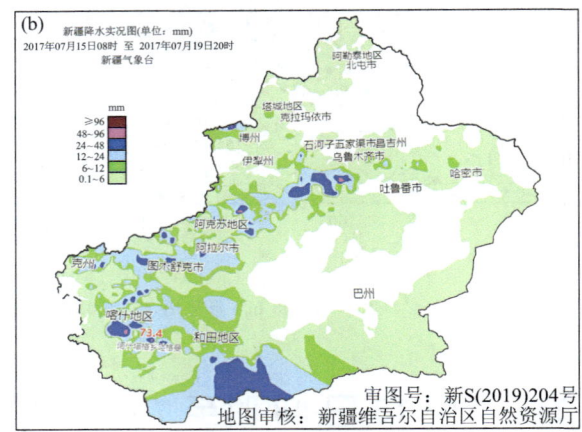
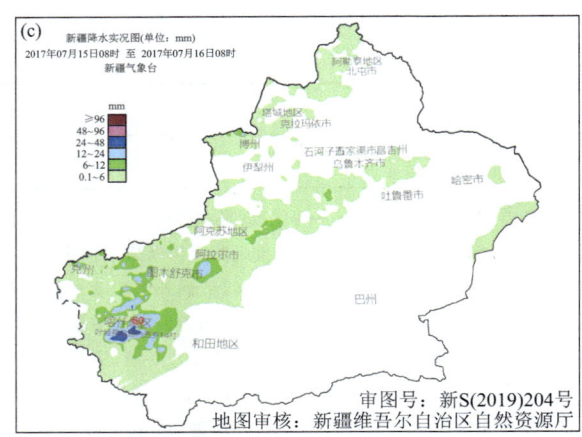
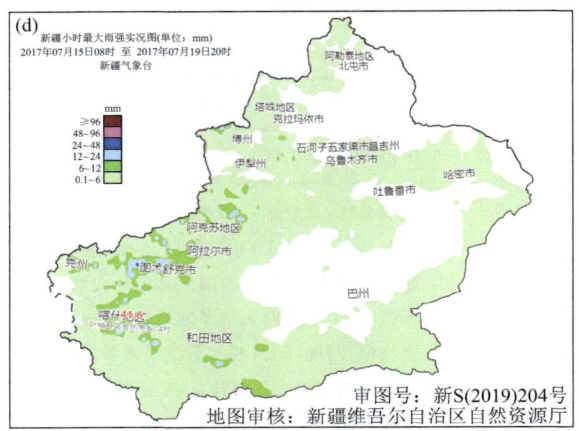
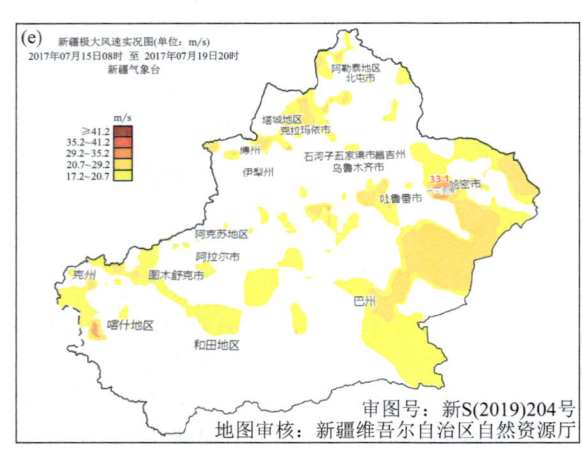
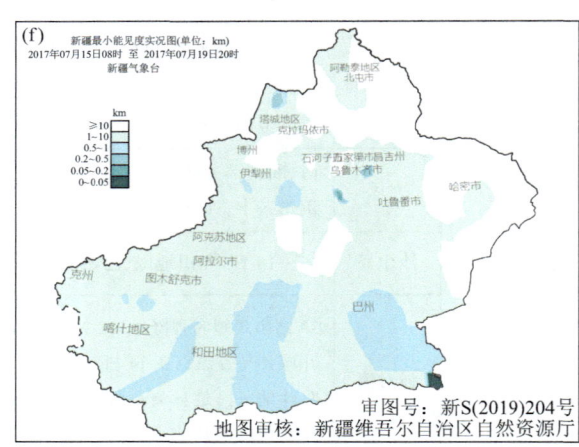

图3.41　2017年7月15—19日天气实况

(a)累计降水(国家站,单位:mm),(b)累计降水(含区域站,单位:mm),(c)单日最强降水(单位:mm),
(d)最大小时雨强(单位:mm),(e)过程极大风速(单位:m/s),(f)过程最小能见度(单位:km)

②环流形势图

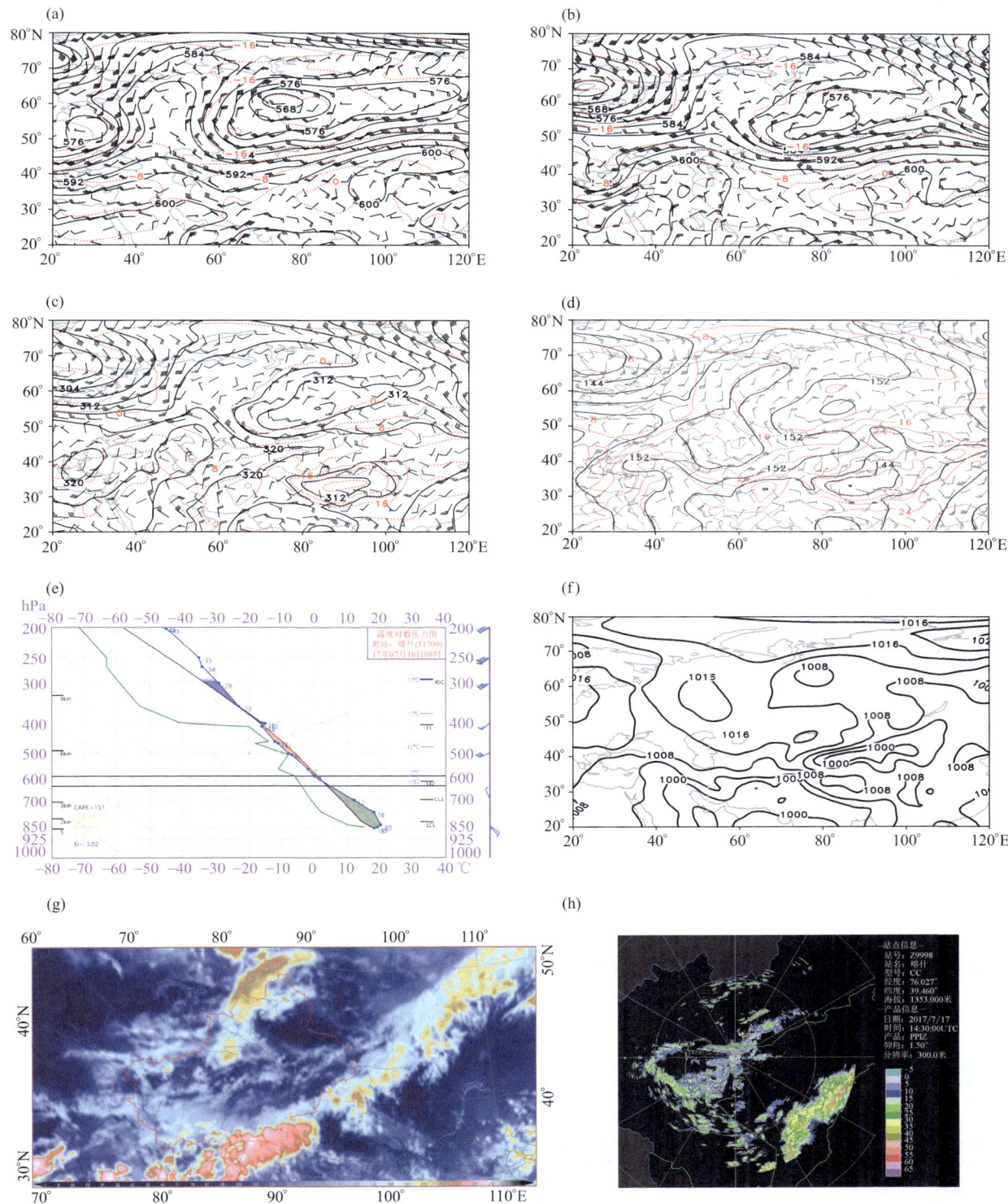

图3.42 2017年7月15—18日环流形势
(a)2017年7月16日08时500 hPa形势,(b)2017年7月18日20时500 hPa形势,(c)2017年7月18日20时700 hPa形势,(d)2017年7月18日20时850 hPa形势,(e)2017年7月16日08时喀什T-LOGP,(f)2017年7月15日20时海平面气压场,(g)2017年7月17日19时卫星云;(h)2017年7月17日22时30分喀什雷达回波

3.22 7月26日至30日高温天气过程

3.22.1 天气过程表

起止时间	2017年7月26日至30日
天气强度	高温（中度）
影响系统及其演变	2017年7月26日，500 hPa上伊朗副热带高压突然增强并与北支高压脊同位相叠加，27日伊朗副热带高压北抬东扩，584 dagpm等值线控制南疆大部分地区和北疆偏西地区，28—30日，伊朗副热带高压脊继续向东北方向扩展，新疆处于高压脊控制区，南疆塔里木盆地有闭合高压中心维持，中心强度为584 dagpm。700 hPa和850 hPa，新疆上空暖脊强烈发展，28日20时，700 hPa北疆大部分地区气温上升至11～13℃；南疆和东疆地区上升至12～14℃；850 hPa，北疆大部分地区气温上升至25～28℃；南疆和东疆地区上升至26～29℃。此次高温过程中，海平面气压场呈"东高西低"形态，全疆大部分地区持续减压。31日，控制新疆的高压脊减弱东移，高温过程结束
灾害性天气	高温	高温天气共持续5 d；全疆80个(81.0%)国家气象站日最高气温≥35℃，其中54站日最高气温≥37℃，25站≥40℃，3站≥45℃；全疆含区域站的1740站中，共计1076站日最高气温≥35℃，占61.8%，其中736站日最高气温≥37℃，279站≥40℃，20站≥45℃；7月28日高温范围最大，全疆1003个测站的日最高气温≥35℃，其中617站日最高气温≥37℃，242站≥40℃，15站≥45℃；日最高气温极值出现在29日16时吐鲁番市高昌区二堡乡站，日最高气温为48.9℃

3.22.2 天气过程图

①天气实况图

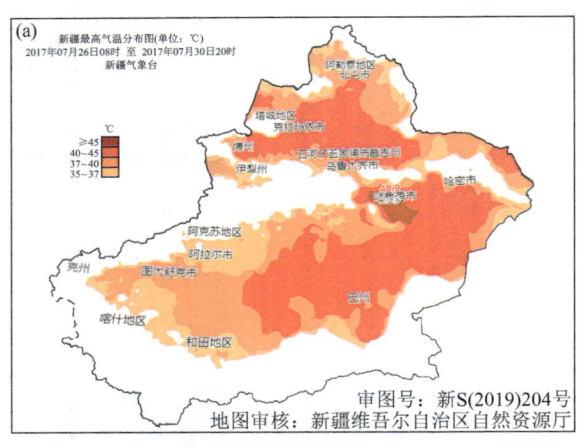
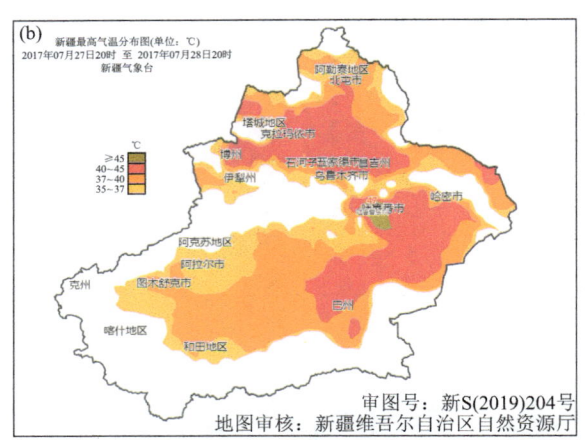

图3.43　2017年7月26—30日天气实况
(a)过程最高气温分布(单位：℃)，(b)最强高温日高温实况(单位：℃)

②环流形势图

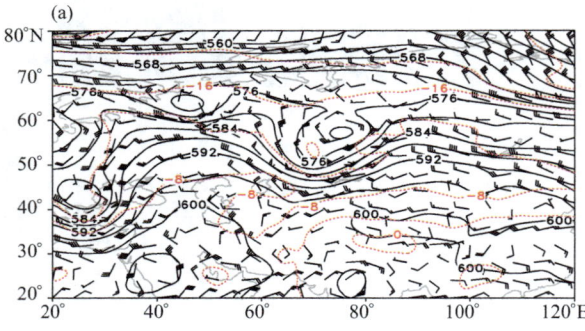
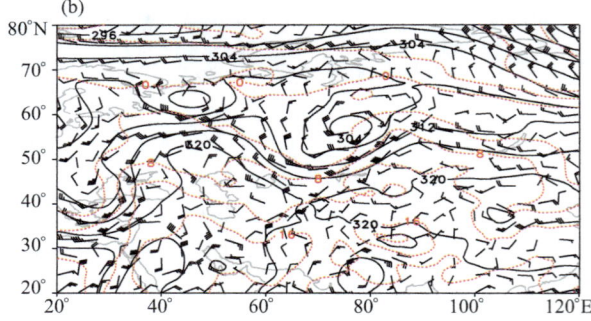

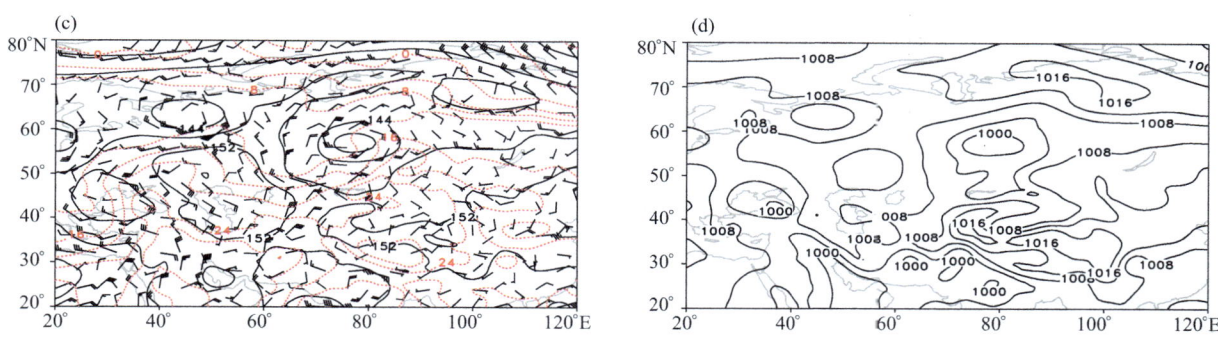

图 3.44　2017 年 7 月 28 日 08 时环流形势
(a)500 hPa 形势场,(b)700 hPa 形势场,(c)850 hPa 形势场,(d)海平面气压场

3.23　8 月 11 日 14 时至 13 日 11 时天气过程

3.23.1　天气过程表

起止时间	2017 年 8 月 11 日 14 时至 13 日 11 时	
天气强度	中强(强对流天气)	
影响系统及其演变	影响系统:高空——西西伯利亚低槽、高空急流、700 hPa 切变线;地面——冷锋、中尺度辐合线 11 日 08 时,500 hPa 欧亚范围内以经向环流为主,西西伯利亚地区为低槽活动区,低槽伸至咸海到巴尔喀什湖以南 40°N 附近,新疆大部分地区受高压脊控制,随着欧洲高压脊发展并缓慢东扩,脊前偏北气流引导冷空气南下补充,低槽进一步南加深东移进入新疆西部,由于贝加尔湖到新疆下游脊的阻挡,低槽移速缓慢,12 日 08 时之前主要影响北疆偏西地区,之后随着欧洲脊脊顶顺转分裂部分正变南落,推动低槽南压进入新疆,−16℃等温线进入北疆,中层冷侵入与低层暖脊叠加,层结不稳定强烈发展,西天山及其两侧正处于高空急流的分流区高空强辐散,低槽、700 hPa 切变线、冷锋共同影响,在地面中尺度辐合线和有利地形条件配合下,12 日午后到夜间西天山及其两侧出现较明显的短时强降水、冰雹和雷暴大风等强对流天气	
灾害性天气	暴雨	过程最大降雨中心伊犁州新源县吐尔根站,累计降雨 75.9 mm。伊犁州、博州西部、塔城地区南部山区、乌鲁木齐市山区、昌吉州南部山区、阿克苏地区北部、巴州北部山区等地共 68 站出现暴雨,伊犁州东部山区、博州西部山区 3 站出现大暴雨;国家级气象站:特克斯、天池、巴音布鲁克 3 站出现暴雨
	大风	全疆大部分地区先后出现 6 级左右西北或偏北风,共 377 站 8 级以上,4 站 12 级以上,最大风速出现在巴州轮台机场站 38.0 m/s
	沙尘暴	11 日夜间至 12 日白天,和田地区、阿克苏地区、巴州南部共 6 站出现扬沙或沙尘暴,其中且末、阿克苏 2 站出现沙尘暴
	强对流天气	43 站出现短时强降水,3 站小时雨量超过 20 mm,最大小时雨量 27.3 mm/h,12 日 19—20 时出现在阿克苏地区库车县俄矿独杨沟站。国家级气象站特克斯出现短时强降水。阿克苏地区沙雅县 8 月 12 日 19 时出现冰雹天气,塔里木乡、新垦农场、央塔克协海尔乡最大冰雹直径 2.5~3 cm,新和县 8 月 12 日 19 时 30 分出现雷电、强雨、冰雹天气。巴州轮台县 8 月 12 日 22 时至 13 日 01 时,局部出现冰雹

3.23.2 天气过程图

①天气实况图

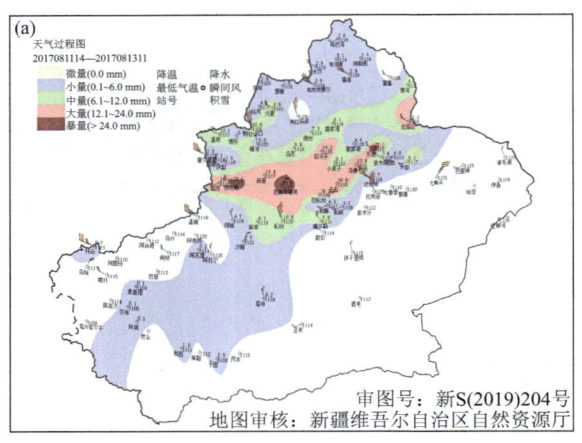
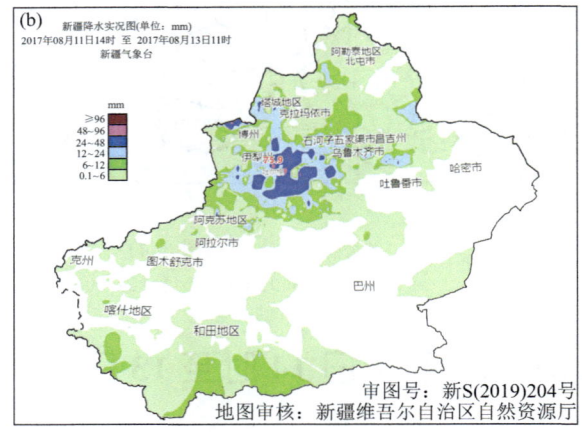
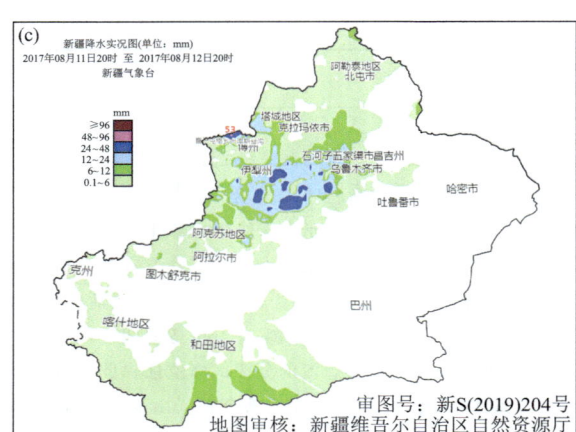
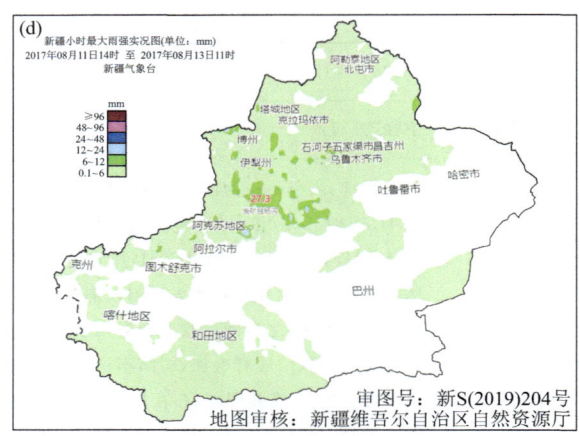
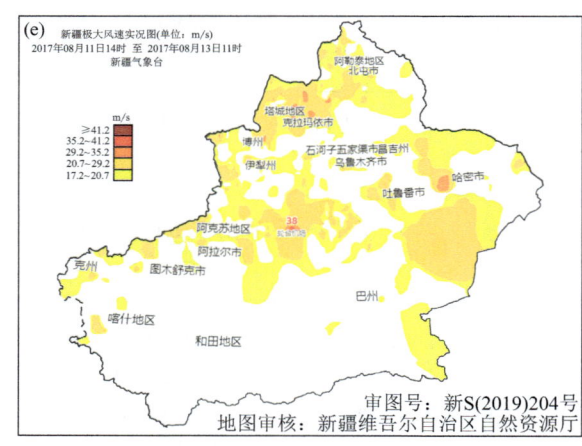
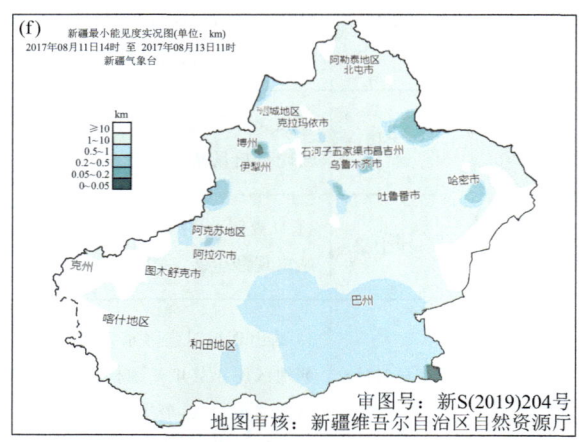

图 3.45 2017 年 8 月 11—13 日天气实况

(a)累计降水(国家站,单位:mm),(b)累计降水(含区域站,单位:mm),(c)单日最强降水(单位:mm),
(d)最大小时雨量(单位:mm),(e)过程极大风速(单位:m/s),(f)过程最小能见度(单位:km)

②环流形势图

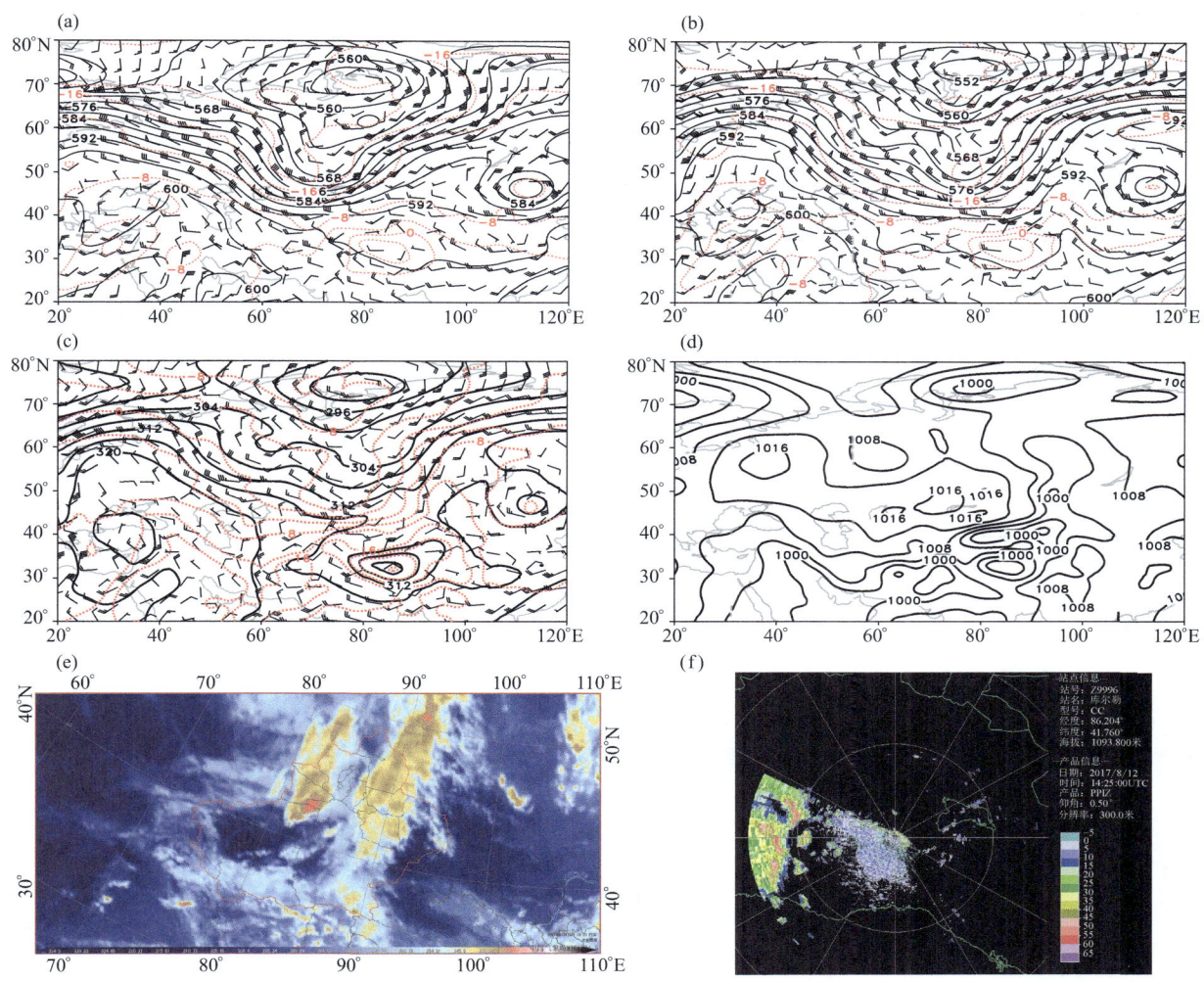

图 3.46　2017 年 8 月 11—12 日环流形势
(a)2017 年 8 月 11 日 20 时 500 hPa 形势,(b)2017 年 8 月 12 日 20 时 500 hPa 形势,(c)2017 年 8 月 12 日 20 时 700 hPa 形势,
(d)2017 年 8 月 12 日 20 时海平面气压场;(e)2017 年 8 月 12 日 19 时卫星云图,(f)2017 年 8 月 22 时 25 分库尔勒雷达回波

3.24　8 月 13 日 20 时至 19 日 08 时天气过程

3.24.1　天气过程表

过程时间	8 月 13 日 20 时至 19 日 08 时	
过程强度	中度	
影响系统及其演变	影响系统:高空——西西伯利亚低槽;地面——冷高压、冷锋 演变特征:500 hPa 中高纬地区为两脊一槽的经向环流,主导系统为东欧脊,影响系统为西西伯利亚低槽。13 日 20 时—16 日 08 时,随着东欧脊向东北伸展,西西伯利亚低槽向南加深,低槽底部不断分裂短波东移造成我区偏西偏北地区的降水。16 日 20 时—18 日 08 时,东欧脊向东南衰退,推动西西伯利亚低槽东南移,受下游脊阻挡,低槽移速缓慢,18 日 08 时之后伊朗副热带高压分裂正变东移,推动影响槽东北移,自西向东依次造成全疆大部分地区降水	
灾害性天气	暴雨	过程累计最大降水中心喀什地区英吉沙县托普鲁克乡 1 村站,累计降雨 57.8 mm。伊犁州西南部山区、博州西部、昌吉州南部山区、喀什地区、克州、阿克苏地区北部山区、巴州北部山区、吐鲁番市北部山区、哈密市等地 31 站暴雨,喀什地区英吉沙县 1 站大暴雨。国家站天山大西沟、柯坪 2 站暴雨
	大风	南北疆部分区域出现 4~5 级西北风,共 178 站 8 级以上,极大风速出现在喀什地区塔什库尔干县下坂地水库站 31.9 m/s
	沙尘暴	和田地区、巴州南部共 6 站出现扬沙或沙尘暴,其中于田、民丰、塔中、且末 4 站出现沙尘暴,民丰最小能见度 500 m,出现强沙尘暴
	强对流天气	45 站出现短时强降水,5 站最大小时雨量超过 20 mm,英吉沙托普鲁克乡 1 村站最大小时雨量 33.6 mm。国家站库车、乌恰 2 站出现短时强降水。库车、乌什出现冰雹,直径分别为 12 mm 和 3 mm

3.24.2 天气过程图

①天气实况图

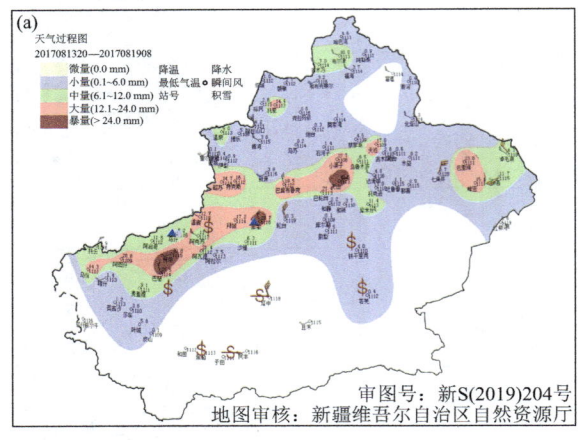
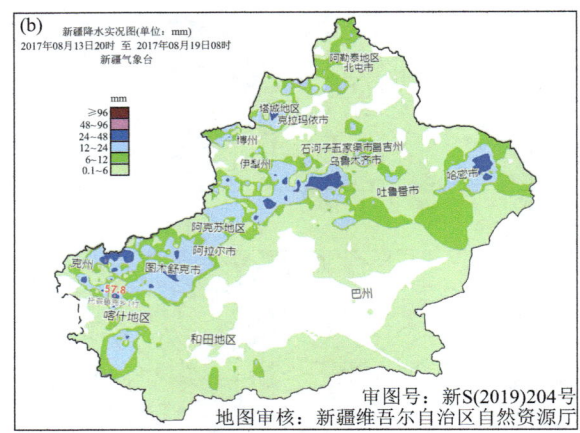
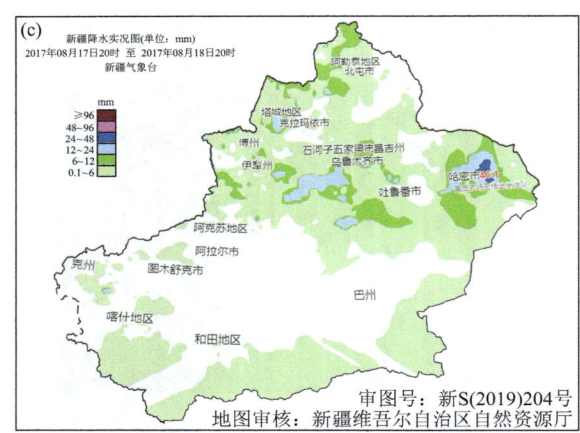
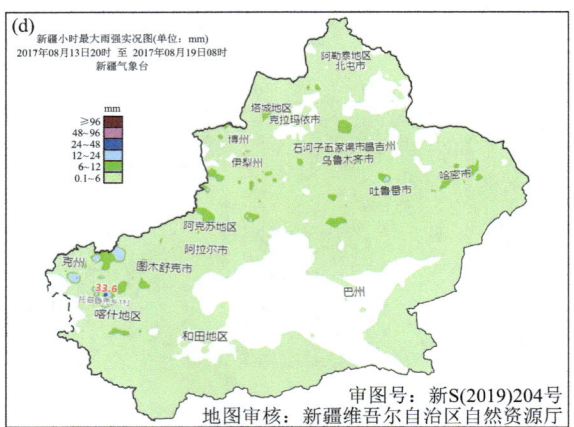
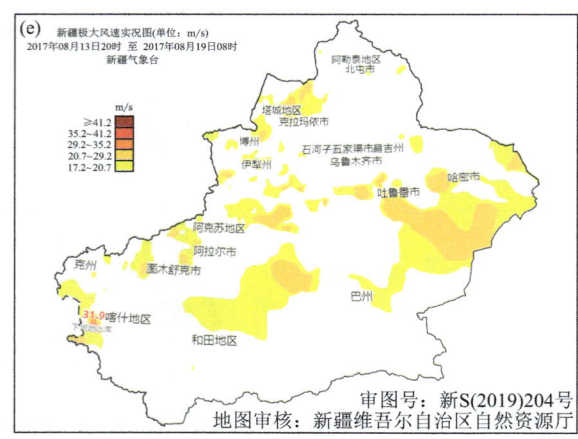
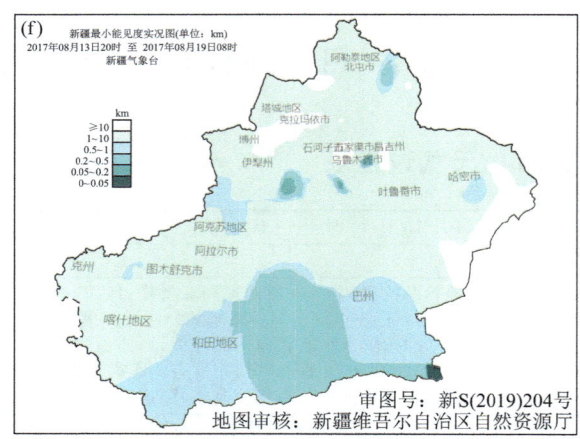

图 3.47 2017 年 8 月 13—19 日天气实况

(a)累计降水量(国家站,单位:mm),(b)累计降水量(含区域站,单位:mm),(c)单日最强降水量(单位:mm),
(d)最大小时雨量(单位:mm),(e)过程极大风速(单位:m/s),(f)过程最小能见度(单位:km)

② 环流形势图

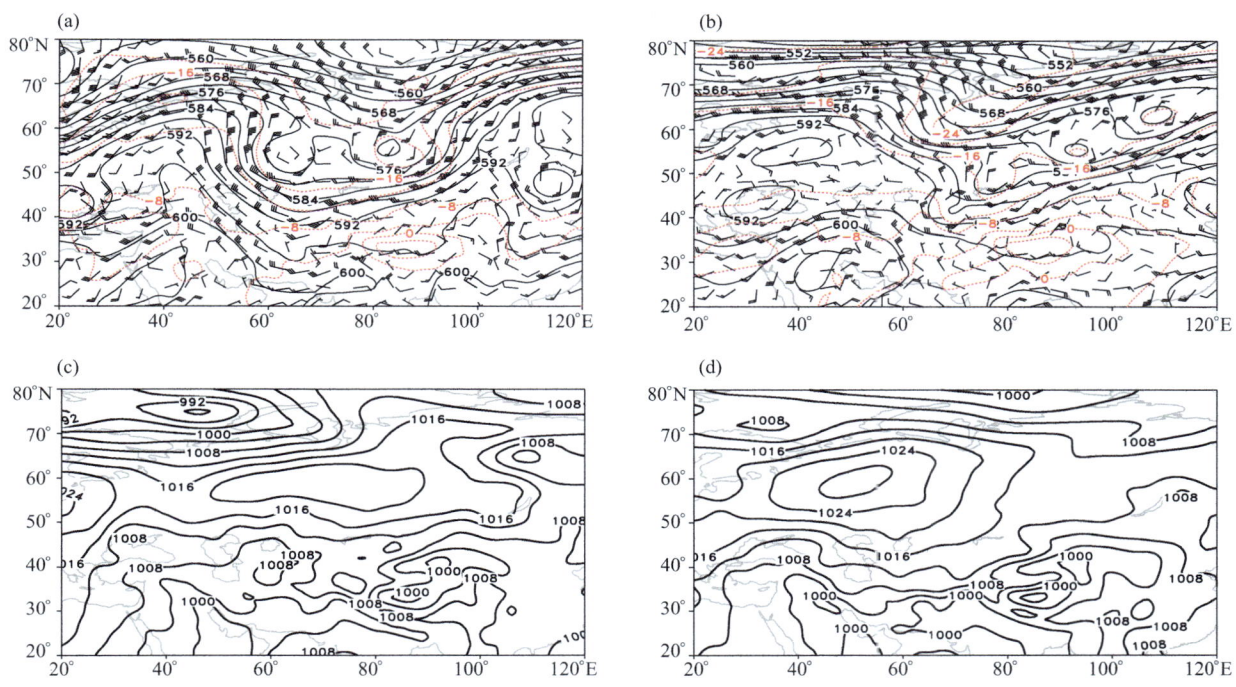

图 3.48 2017 年 8 月 13—17 日环流形势
(a)2017 年 8 月 13 日 20 时 500 hPa 形势,(b)2017 年 8 月 17 日 20 时 500 hPa 形势,
(c)2017 年 8 月 14 日 20 时海平面气压场,(d)2017 年 8 月 17 日 20 时每平面气压场

3.25　8 月 19 日 08 时至 22 日 02 时天气过程

3.25.1　天气过程表

过程时间	8月19日08时至22日02时	
过程强度	中度	
影响系统及其演变	影响系统:高空——西西伯利亚低槽、切变线、低空偏东气流;地面——冷高压、冷锋 演变特征:19日08时500 hPa欧亚范围中高纬度为两脊一槽经向环流,伊朗至里黑海北部为高压脊,西西伯利亚至中亚地区为低槽活动区,19日08时—20日08时低槽分段,北段槽快速东移造成阿勒泰地区及石河子市以西的北疆沿天山一带降水天气,20日08时—22日02时随着乌拉尔山高压脊向北发展,脊前不断有冷空气补充南下,使得南段槽向南加深,并分裂短波槽东移进入南疆盆地,之后缓慢东移造成南疆塔里木盆地及哈密南部地区降水,伴有局地短时强降水天气	
灾害性天气	暴雨	过程最大降水中心和田地区洛浦县洛浦站,累计降雨52 mm。喀什地区、和田地区、阿克苏地区共19站暴雨,4站大暴雨。国家级气象站洛浦1站暴雨
	大风	南北疆部分区域出现4~5级西北风,共109站8级以上,1站12级以上,极大风速出现在喀什地区塔什库尔干县下坂地水库站 33 m/s
	沙尘暴	20—21日,和田地区出现扬沙或沙尘暴,其中于田、民丰2站出现沙尘暴,民丰最小能见度400 m,出现了强沙尘暴
	强对流天气	42站出现短时强降水,4站最大小时雨量超过20 mm,最大小时雨量49.3 mm,20日22—23时出现在喀什地区叶城县棋盘乡;国家级气象站麦盖提、洛浦、阿合奇3站出现短时强降水 8月21日午后到夜间,阿克苏地区阿克苏市、喀什地区麦盖提县出现冰雹

3.25.2 天气过程图

①天气实况图

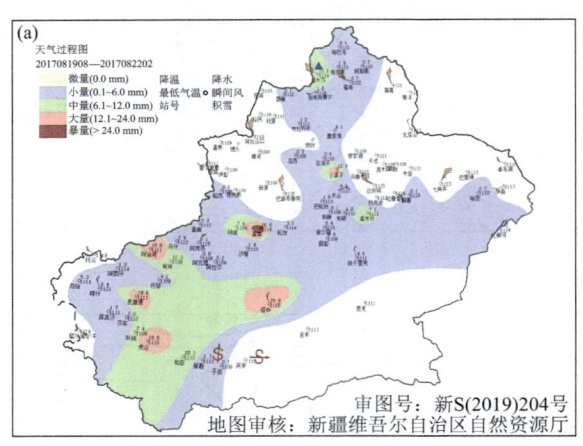
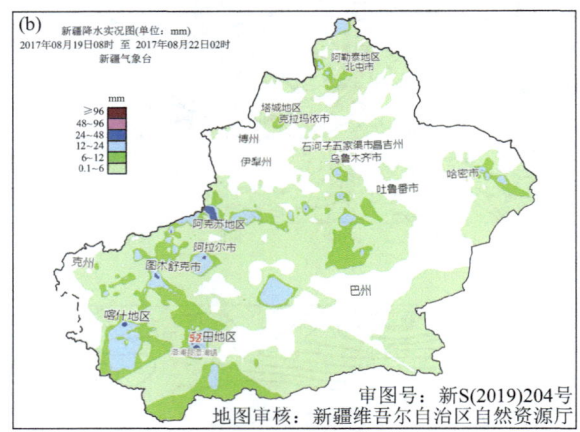
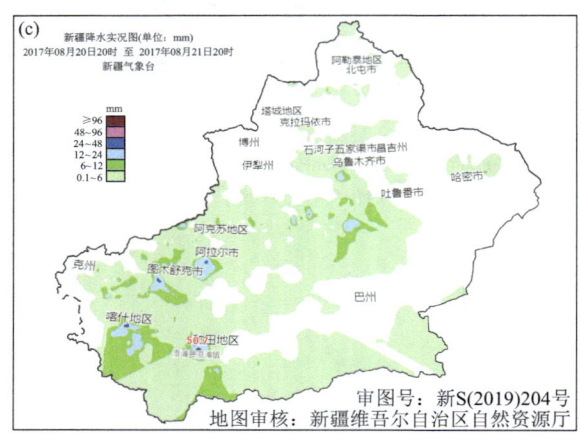
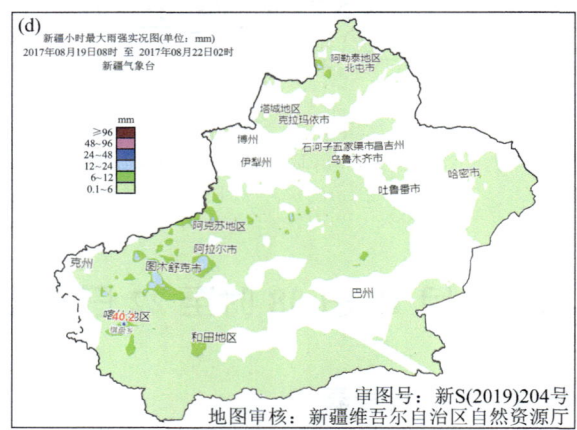
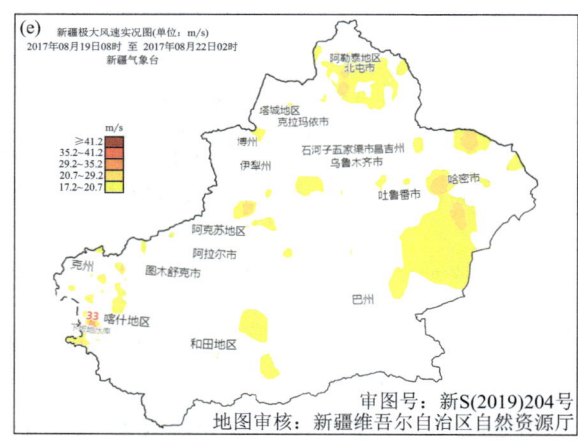
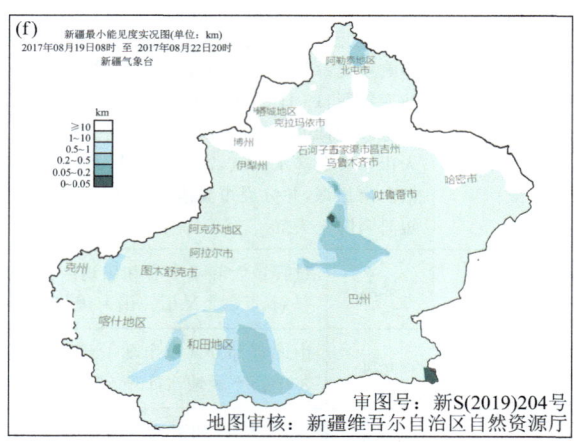

图 3.49　2017 年 8 月 19—22 日天气实况
(a)累计降水量(国家站,单位:mm),(b)累计降水量(含区域站,单位:mm),(c)单日最强降水量(单位:mm),
(d)最大小时雨量(单位:mm),(e)过程极大风速(单位:m/s),(f)过程最小能见度(单位:km)

② 环流形势图

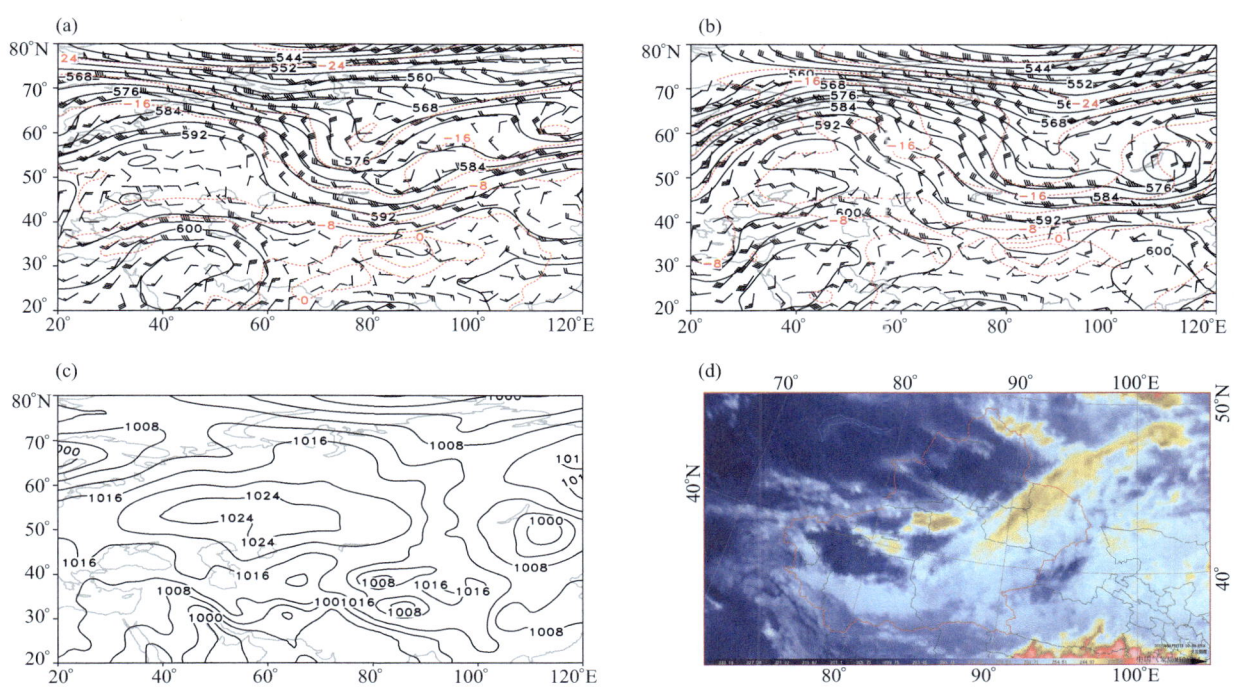

图 3.50　2017 年 8 月 18—21 日环流形势
(a)2017 年 8 月 18 日 20 时 500 hPa 形势,(b)2017 年 8 月 20 日 20 时 500 hPa 形势,
(c)2017 年 8 月 20 日 08 时海平面气压场,(d)2017 年 8 月 21 日 20 时卫星云图

3.26　8 月 22 日 02 时至 25 日 20 时天气过程

3.26.1　天气过程表

过程时间	8月22日02时至25日20时	
过程强度	中度	
影响系统及其演变	影响系统:高空——中亚短波槽、巴尔喀什湖低槽;地面——冷高压、冷锋 演变特征:欧亚范围为两槽一脊的经向环流,欧洲和西伯利亚到中亚为低压活动区,乌拉尔山为阻塞高压,22日伊朗副热带高压向北发展,推动中亚短波槽东移进入南疆西部造成第一波降水;乌拉尔山脊顺转向东南扩,贝加尔湖槽东南压沿西部国境线形成横槽并分裂波动东移造成南疆西部第二波降水;伊朗副热带高压再次北抬与乌拉尔山高压脊打通,横槽底部东北收,受乌拉尔山脊顶分裂暖平流影响,巴尔喀什湖横槽切断为低涡,在此过程中不断分裂短波依次自南向北造成南北疆偏西地区降水	
灾害性天气	暴雨	过程最大降水中心阿克苏地区温宿县博孜墩乡库尔归鲁克站,累计降雨 118.5 mm。伊犁州南部山区、喀什地区、克州、和田地区、阿克苏地区共51站暴雨,喀什地区、阿克苏地区8站大暴雨。国家站阿图什、伽师2站暴雨
	大风	南、北疆偏西的风口地区共24站出现8级西北风,极大风速出现在喀什地区塔什库尔干县下坂地水库尔站(32.2 m/s)
	强对流天气	36站出现短时强降水,8站最大小时雨量超过20 mm,3站最大小时雨量超过30 mm,最大小时雨量45.7 mm,25日17—18时出现在阿克苏地区温宿县神木园站;国家级气象站阿图什、伽师、喀什3站出现短时强降水 麦盖提县库尔玛乡、阿克苏市、岳普湖县依阿瓦提乡五村、六村出现冰雹

3.26.2 天气过程图

①天气实况图

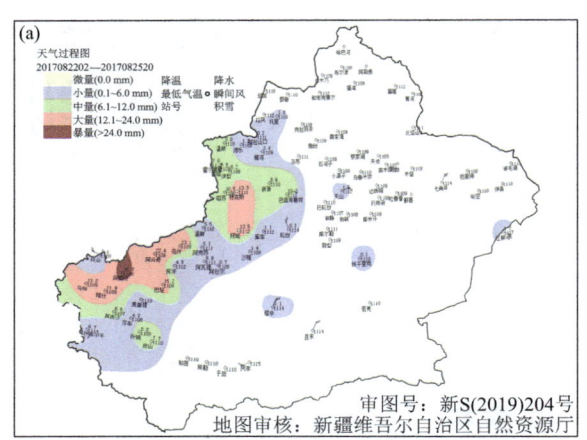
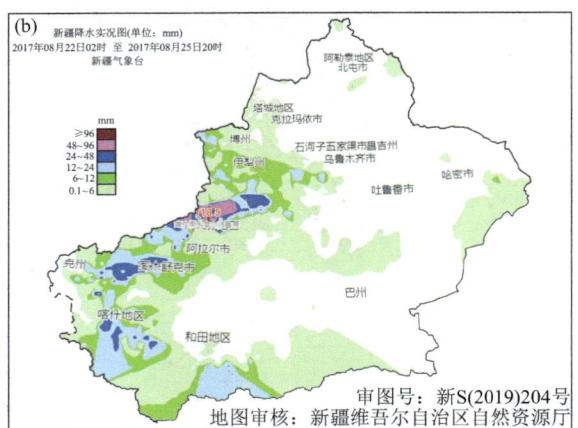
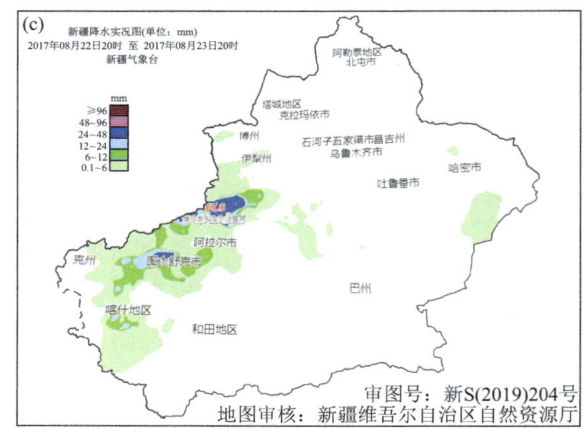

图 3.51　2017 年 8 月 22—25 日天气实况

(a)累计降水量(国家站,单位:mm),(b)累计降水量(含区域站,单位:mm),(c)单日最强降水量(单位:mm)

②环流形势图

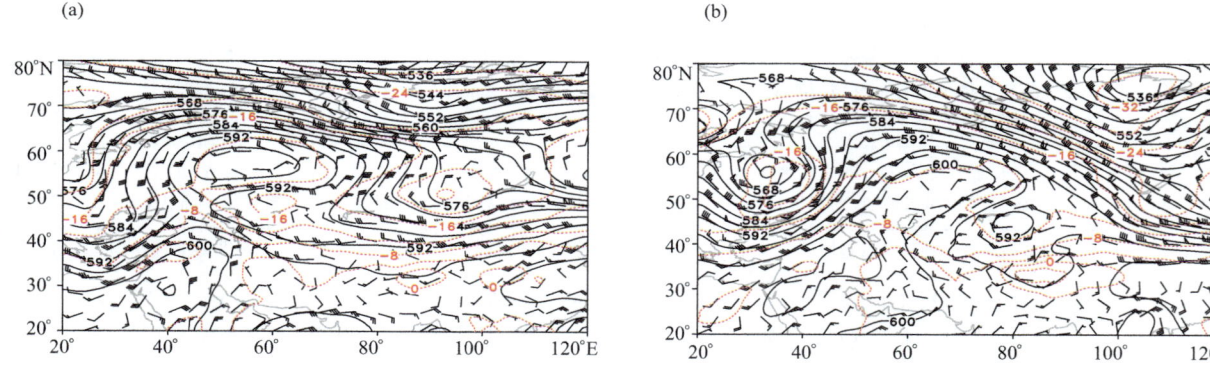

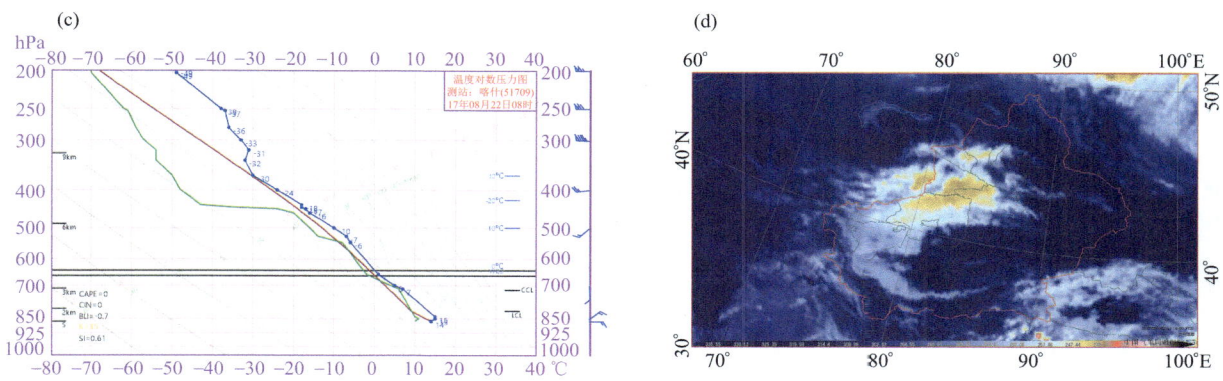

图 3.52 2017 年 8 月 22—24 日环流形势

(a)2017 年 8 月 22 日 08 时 500 hPa 形势,(b)2017 年 8 月 24 日 20 时 500 hPa 形势,
(c)2017 年 8 月 22 日 08 时喀什 T-LOGP,(d)2017 年 8 月 22 日 08 时卫星云图

3.27　9 月 10 日 20 时至 13 日 20 时天气过程

3.27.1　天气过程表

过程时间	9 月 10 日 20 时至 13 日 20 时
过程强度	中度
影响系统及其演变	影响系统:高空——西西伯利亚低槽、强锋区;地面——冷高压、冷锋 演变特征:500 hPa 欧亚中高纬地区为两槽两脊的经向环流,11 日欧洲脊顺转脊前西北气流引导北方冷空气南下,乌拉尔山到西西伯利亚地区低槽向东南加深,12—13 日欧洲脊东南落推动西西伯利亚低槽东移,受贝加尔湖到新疆中部高压脊阻挡低槽移速变慢槽前锋区沿北疆西部国境线加强,受低槽逆转东北移和强锋区、冷锋的共同影响造成北疆北部较强降水。低槽逆转东北移引导地面 1027.5 hPa 冷高压进入北疆造成北疆降温、大风天气
灾害性天气	暴雨	过程最大降水中心塔城地区托里县乌雪特站,累计降雨 49.2 mm。塔城地区北部和克拉玛依市山区 8 站暴雨。国家站托里、和布克赛尔 2 站暴雨
	大风	全疆大部分地区出现 5 级左右西北风,共 269 站 8 级以上,4 站 12 级以上,极大风速出现在塔城地区托里县加尔巴斯洪沟站(34.9 m/s)
	强对流天气	10 站出现短时强降水,2 站小时雨量超过 20 mm,最大小时雨量 23.9 mm,12 日 17—18 时出现在塔城地区裕民县阿克乔克草原站;国家站托里出现短时强降水

3.27.2　天气过程图

①天气实况图

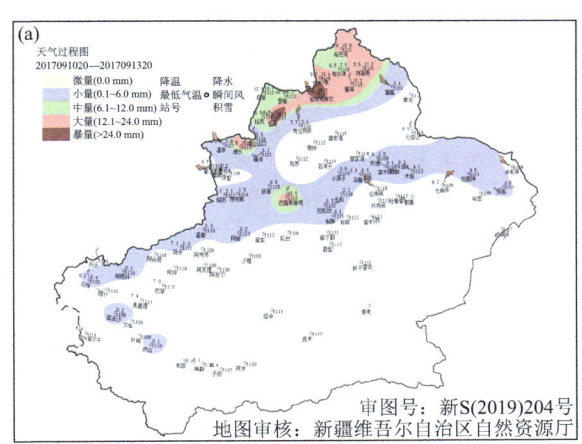

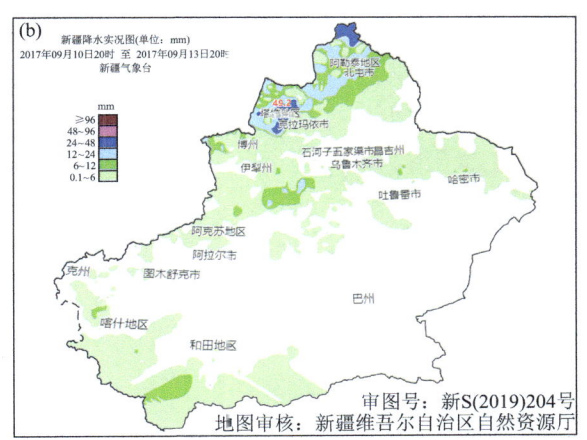

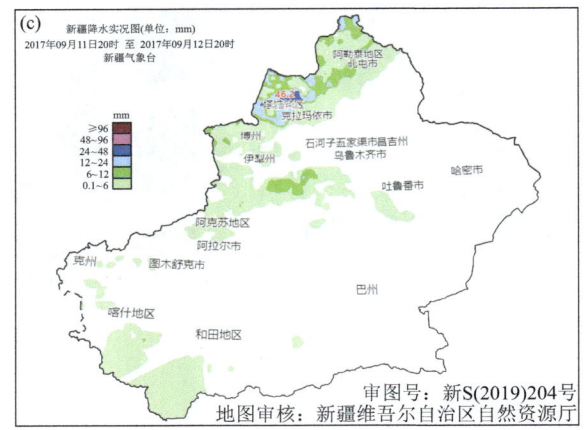
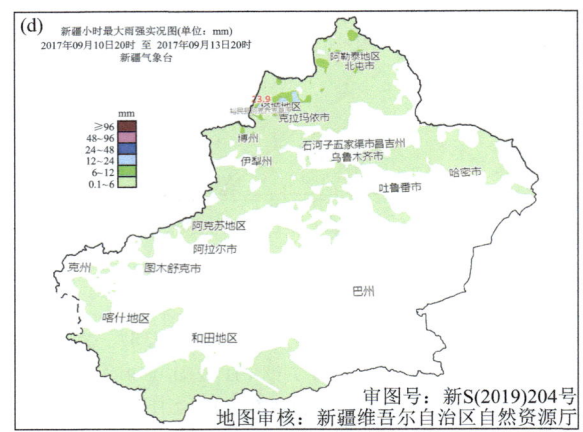
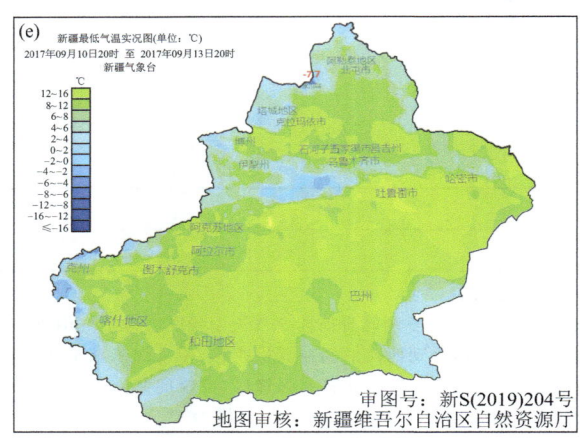
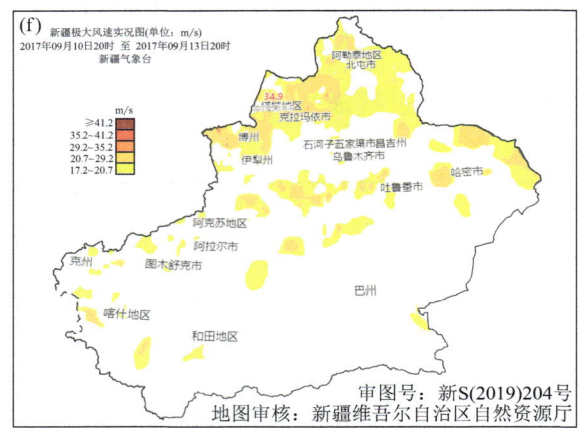

图 3.53 2017 年 9 月 10—13 日天气实况
(a)累计降水量(国家站,单位:mm),(b)累计降水量(含区域站,单位:mm),(c)单日最强降水量(单位:mm),
(d)最大小时雨量(单位:mm),(e)过程最低气温(单位:℃),(f)过程极大风速(单位:m/s)

②环流形势图

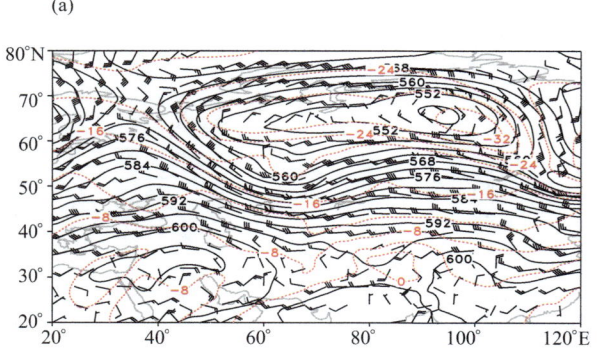
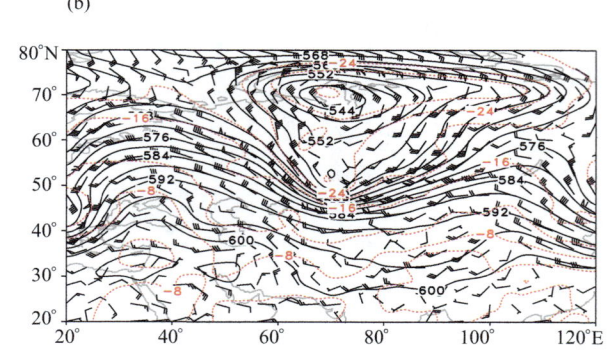

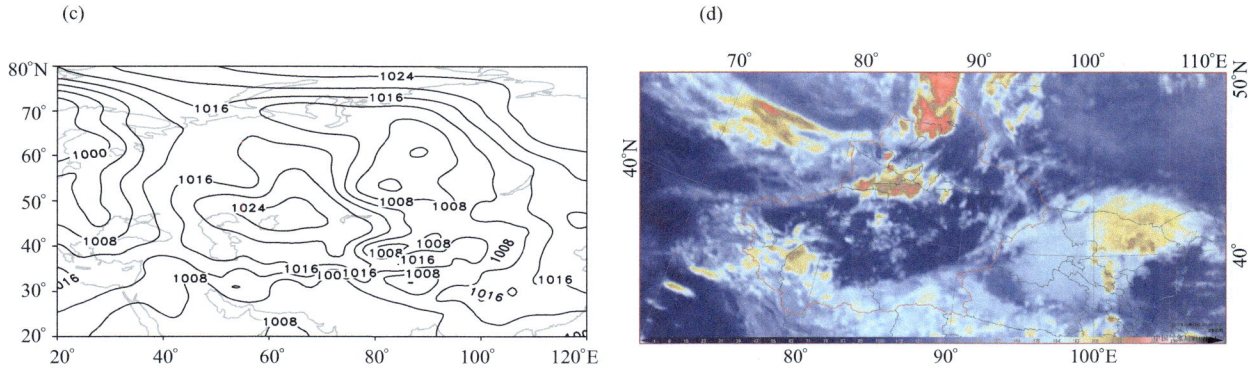

图 3.54　2017 年 9 月 10—12 日环流形势

(a)2017 年 9 月 10 日 20 时 500 hPa 形势,(b)2017 年 9 月 12 日 08 时 500 hPa 形势,
(c)2017 年 9 月 12 日 20 时海平面气压场(单位:hPa),(d)2017 年 9 月 12 日 18 时卫星云图

3.28　9 月 23 日 08 时至 25 日 09 时天气过程

3.28.1　天气过程表

过程时间	9 月 23 日 08 时至 25 日 09 时	
过程强度	中强(北疆大风降温)	
影响系统及其演变	影响系统:高空——西西伯利亚低槽、北风带(偏北急流);地面——冷高压、冷锋 演变特征:过程前 500 hPa 欧亚范围为一槽一脊经向环流,北欧到里海为高压脊,西伯利亚为宽广的低槽活动区,乌拉尔山地区北风带引导极区冷空气南下堆积;23 日 08 时,脊顶顺转分裂正变高南下,脊前北风带东移高压引导冷空气南下,西西伯利亚低槽向南加深为伴有 −33℃ 冷中心的冷槽;23 日 20 时,欧洲脊部分向东南衰退,推动西西伯利亚低槽快速东移南压,引导西北路径冷高压、冷锋快速进入造成此次北疆大部地区和东疆大风降温天气过程	
灾害性天气	寒潮	北疆大部地区 36 站出现寒潮,其中,7 站出现强寒潮,3 站出现特强寒潮,日降温幅度最大为塔城地区塔城站,23—24 日降温达 12℃,过程最强降温中心为塔城地区托里站,过程降温达 14.6℃
	暴雨	过程最大降水中心伊犁州新源县恰普河牧业村站,累计降雨 47.5 mm。伊犁州东部、阿勒泰地区西部共 17 站暴雨
	大风	北疆大部地区、东疆出现 6 级左右西北风,共 251 站 8 级以上,9 站 12 级以上,极大风速出现在克拉玛依市区后金矿区域站(37.7 m/s)
	强对流	1 站出现短时强降水,23 日 21—22 时出现在农九师 165 团(10.5 mm)

3.28.2　天气过程图

①天气实况图

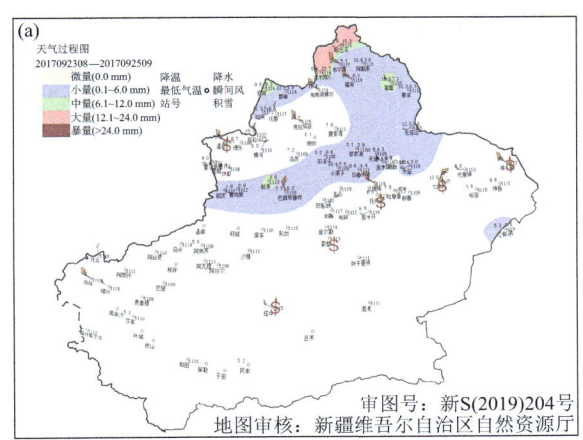

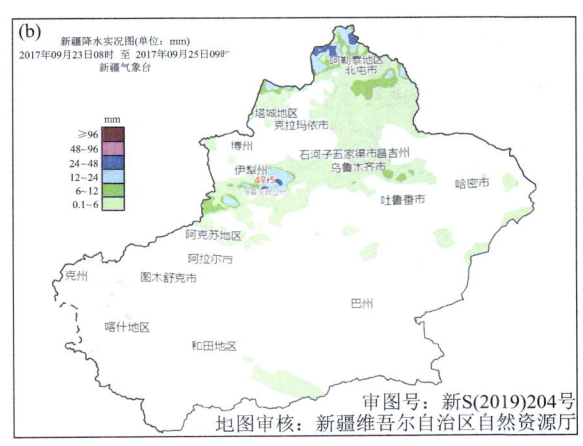

74 ▶ 新疆天气年鉴(2017年)

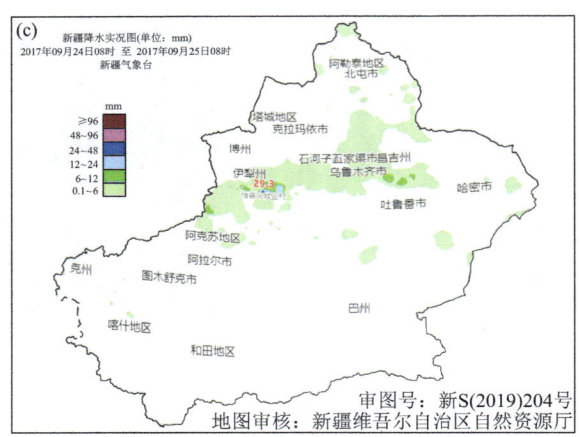 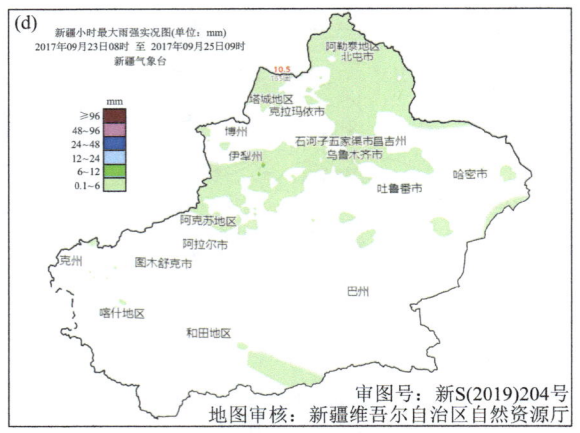

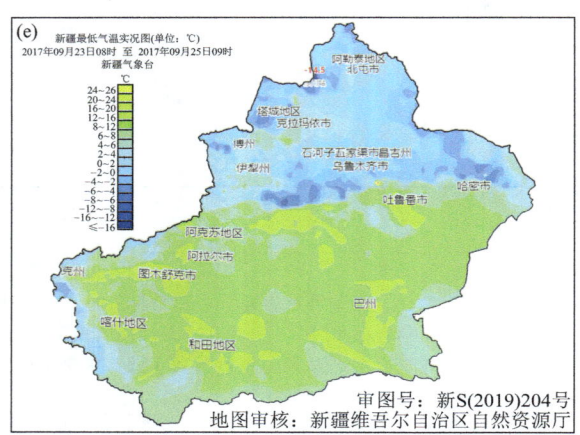 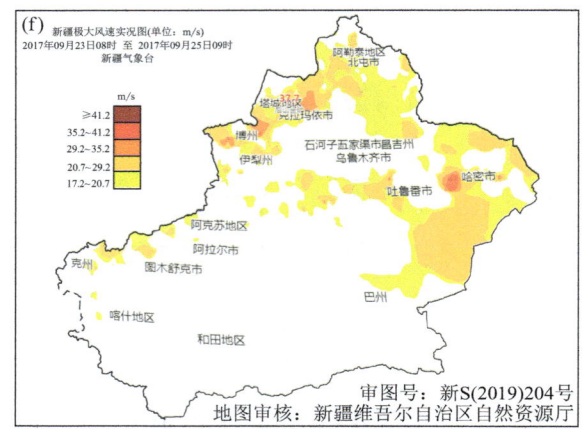

图 3.55 2017 年 9 月 23—25 日天气实况

(a)累计降水量(国家站,单位:mm),(b)累计降水量(含区域站,单位:mm),(c)单日最强降水量(单位:mm),
(d)最大小时雨量(单位:mm),(e)过程最低气温(单位:℃),(f)过程极大风速(单位:m/s)

②环流形势图

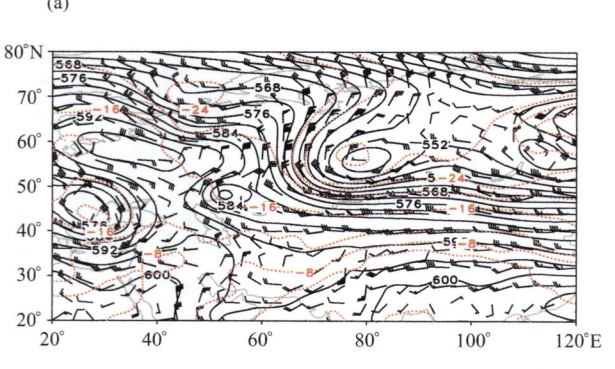 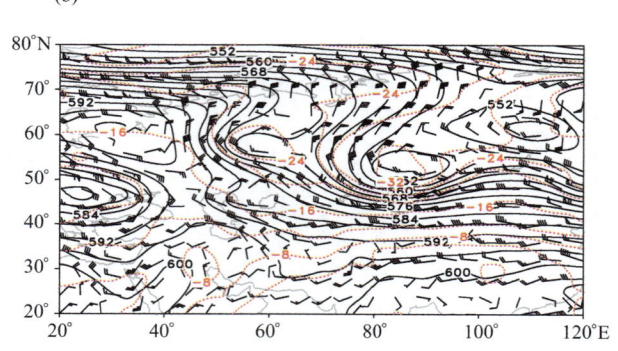

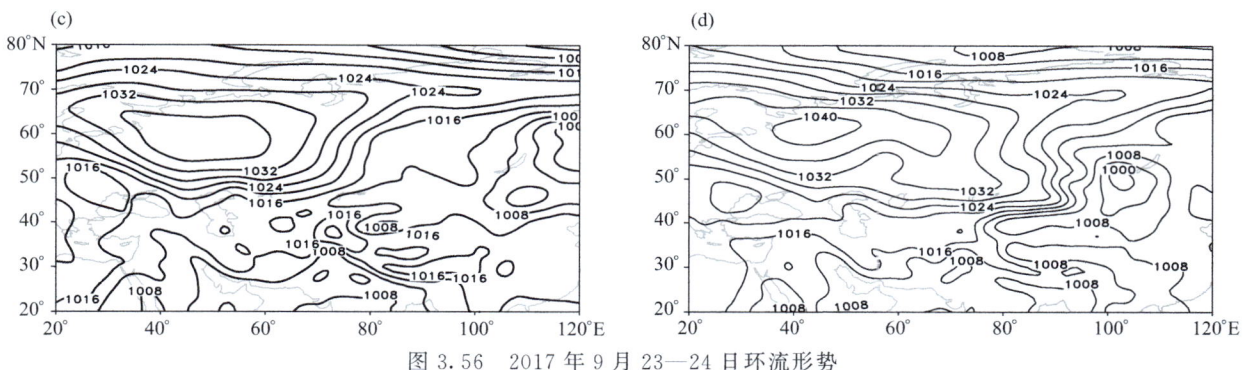

图 3.56 2017 年 9 月 23—24 日环流形势

(a)2017 年 9 月 23 日 08 时 500 hPa 形势,(b)2017 年 9 月 24 日 08 时 500 hPa 形势,
(c)2017 年 9 月 23 日 08 时海平面气压场(单位:hPa),(d)2017 年 9 月 24 日 14 时海平面气压场(单位:hPa)

3.29 9 月 28 日 20 时至 10 月 1 日 17 时天气过程

3.29.1 天气过程表

过程时间	9 月 28 日 20 时至 10 月 1 日 17 时	
过程强度	中度	
影响系统及其演变	影响系统:高空——巴尔喀什湖低槽;地面——冷高压、冷锋 演变特征:28 日 08 时,500 hPa 欧亚范围为一槽一脊经向环流,欧洲高压脊、西西伯利亚为宽广的低槽活动区,有两个低中心,一个位于东亚沿岸,新疆为浅高压脊控制,另一个位于鄂木斯克至里海—咸海之间。28 日 20 时,欧洲脊脊顶顺转分裂正变高南下,鄂木斯克至里海—咸海横槽转竖东南压至巴尔喀什湖附近且槽前锋区明显加强,之后随着西西伯利亚低槽的逆转加深,巴尔喀什湖低槽、强锋区缓慢东北移,引导西方路径冷高压进入,造成此次北疆大部分地区降水、降温、大风天气过程	
灾害性天气	寒潮	伊犁河谷、塔城地区、巴州北部山区等地 4 站出现寒潮,3 站出现强寒潮,2 站出现特强寒潮,最大降温中心位于巴音布鲁克,9 月 29 日—10 月 1 日降温达 12.1 ℃,过程降温 13.6 ℃
	暴雨	过程最大降水中心博州温泉县查干屯格乡大库斯台沟站,累计降雨 45.8 mm。伊犁州东部、博州西部、阿勒泰地区西部共 5 站暴雨
	大风	北疆大部分地区、东疆和南疆部分区域出现 5 级左右西北风(巴州南部为偏东风),共 267 站 8 级以上,2 站 12 级以上,极大风速出现在吐鲁番市托克逊山洪克尔碱区域站(34.4 m/s)
	沙尘暴	和田地区西部、巴州南部共 4 站出现扬沙或沙尘暴,其中若羌 1 站沙尘暴
	强对流天气	2 站出现短时强降水,最大小时雨量 16.5 mm,9 月 30 日 10—11 时出现在伊犁州察布查尔县扎库齐牛录乡扎库齐牛录村

3.29.2 天气过程图

①天气实况图

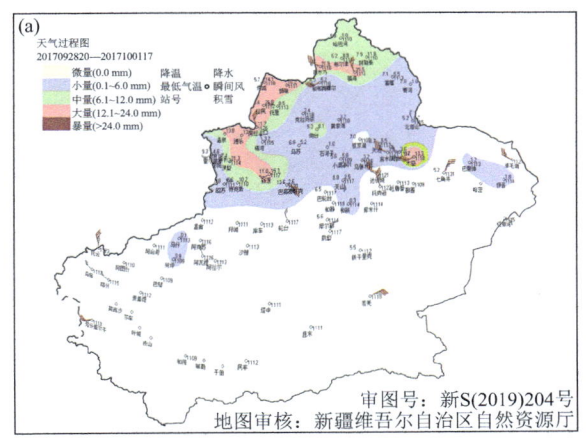

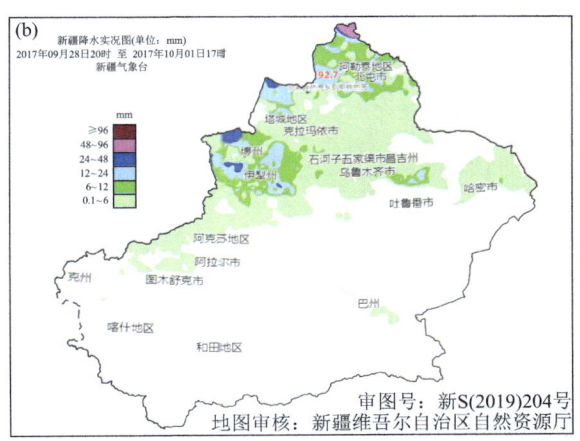

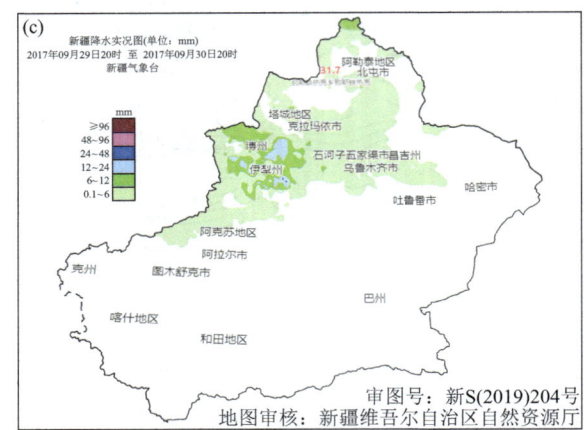
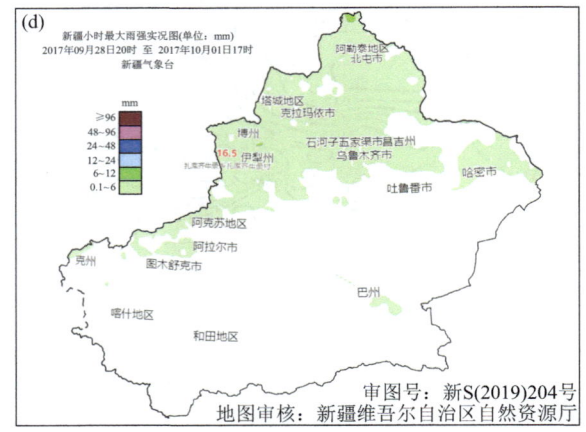

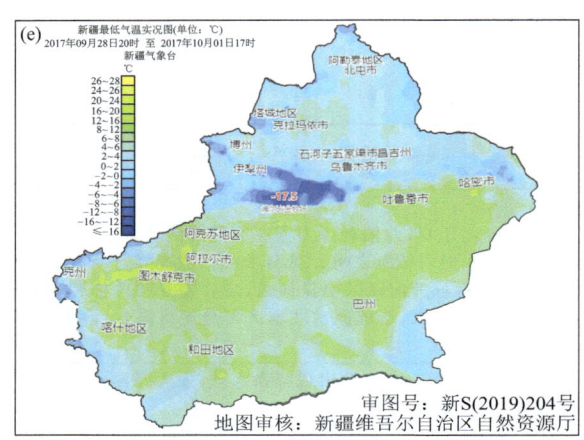
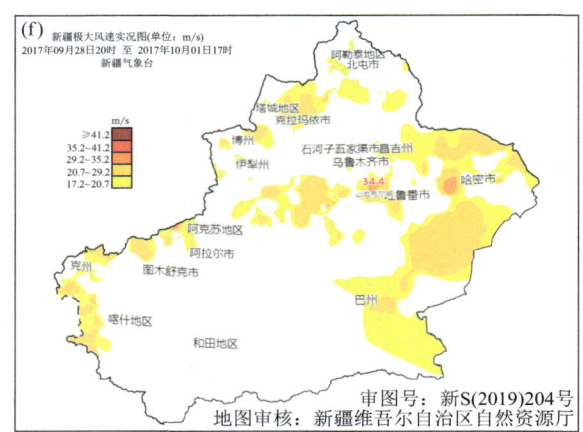

图3.57 2017年9月28日—10月1日天气实况
(a)累计降水量(国家站,单位:mm),(b)累计降水量(含区域站,单位:mm),(c)单日最强降水量(单位:mm),
(d)最大小时雨量(单位:mm),(e)过程最低气温(单位:℃),(f)过程极大风速(单位:m/s)

②环流形势图

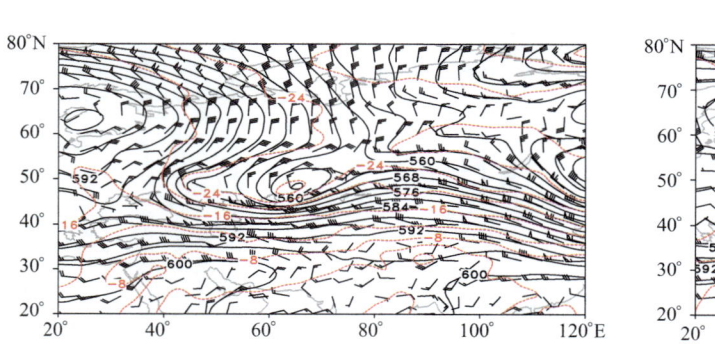
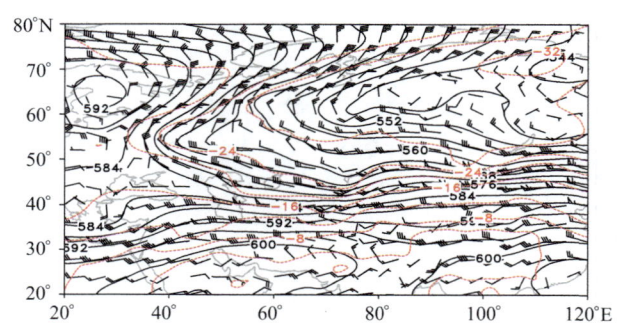

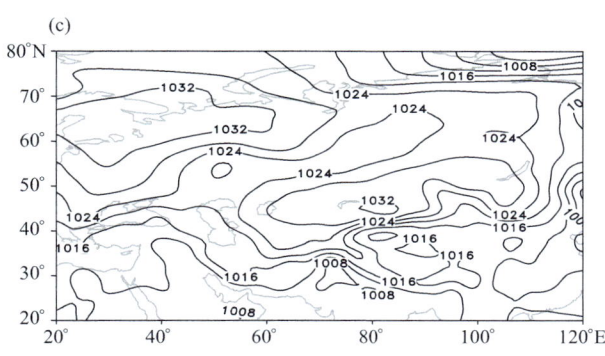
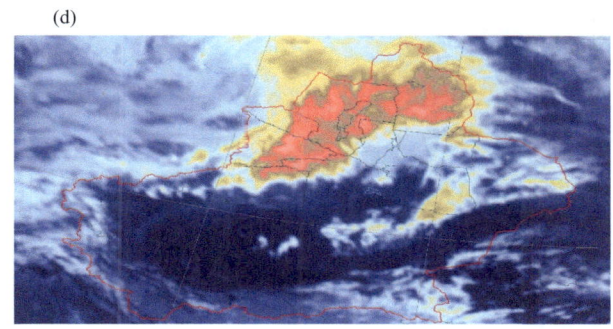

图 3.58 2017 年 9 月 28 日—10 月 1 日环流形势
(a)2017 年 9 月 28 日 08 时 500 hPa 形势,(b)2017 年 9 月 30 日 08 时 500 hPa 形势,
(c)2017 年 10 月 1 日 02 时海平面气压场(单位:hPa),(d)2017 年 9 月 30 日 14 时卫星云图

3.30 10 月 3 日 14 时至 7 日 20 时天气过程

3.30.1 天气过程表

过程时间	10 月 3 日 14 时至 7 日 20 时	
过程强度	中度	
影响系统及其演变	影响系统:高空——西西伯利亚低槽;地面——冷高压、冷锋 演变特征:3 日 08 时 500 hPa 欧亚范围中高纬度以两槽两脊经向环流为主,东欧到新地岛为高压脊,脊前强北风带引导冷空气南下,西西伯利亚地区为低槽活动区。4 日 08 时强冷空气在巴尔喀什湖以北堆积,形成 −32 ℃ 冷中心,东欧脊向东南衰退,推动西西伯利亚低槽缓慢东移进入北疆,造成北疆和东疆的降水、降温、大风天气过程	
灾害性天气	寒潮	乌鲁木齐市、巴州等地 3 站出现寒潮,其中,1 站出现强寒潮。最大降温中心位于巴音布鲁克站,6—7 日降温达 11.3 ℃
	暴雨	过程最大降水中心阿勒泰地区布尔津县贾登峪站,累计降雨 61.5 mm。伊犁州西北部、阿勒泰地区西部、哈密市北部山区共 5 站暴雨
	大风	北疆大部分地区、东疆和南疆部分区域出现 4~5 级西北风(巴州南部为偏东风),共 160 站 8 级以上,极大风速出现在吐鲁番市托克逊县山洪克尔碱站(31.2 m/s)
	沙尘暴	6—7 日,巴州南部 4 站出现扬沙或沙尘暴,其中且末、若羌 2 站出现了强沙尘暴

3.30.2 天气过程图

①天气实况图

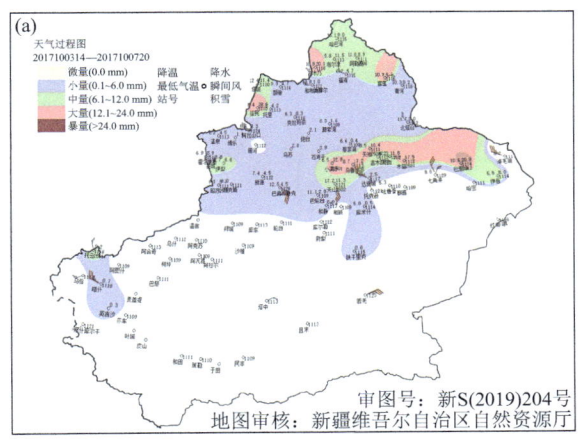
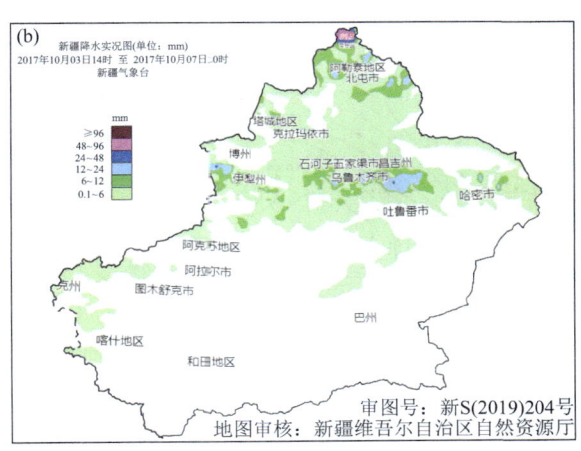

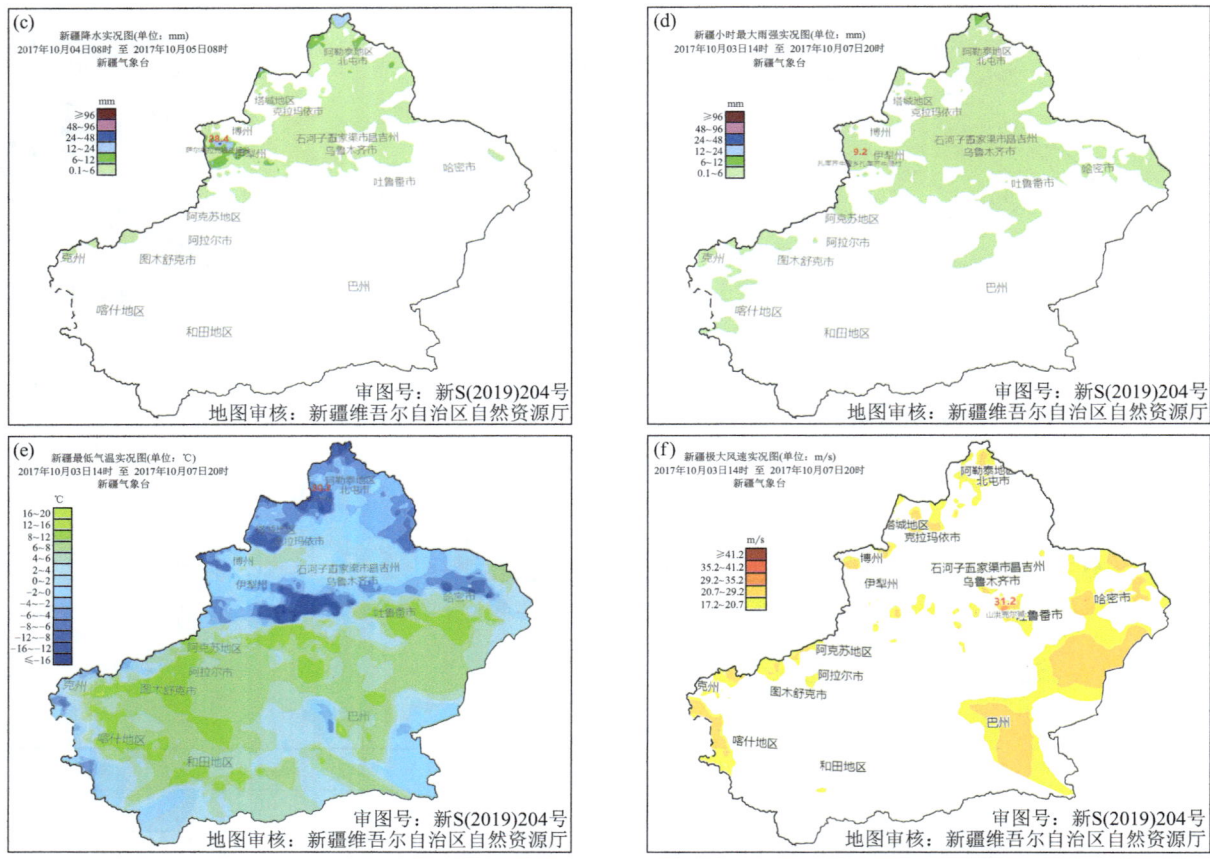

图 3.59　2017 年 10 月 3—7 日天气实况

(a)累计降水量(国家站,单位:mm),(b)累计降水量(含区域站,单位:mm),(c)单日最强降水(单位:mm),
(d)最大小时雨量(单位:mm),(e)过程最低气温(单位:℃),(f)过程极大风速(单位:m/s)

②环流形势图

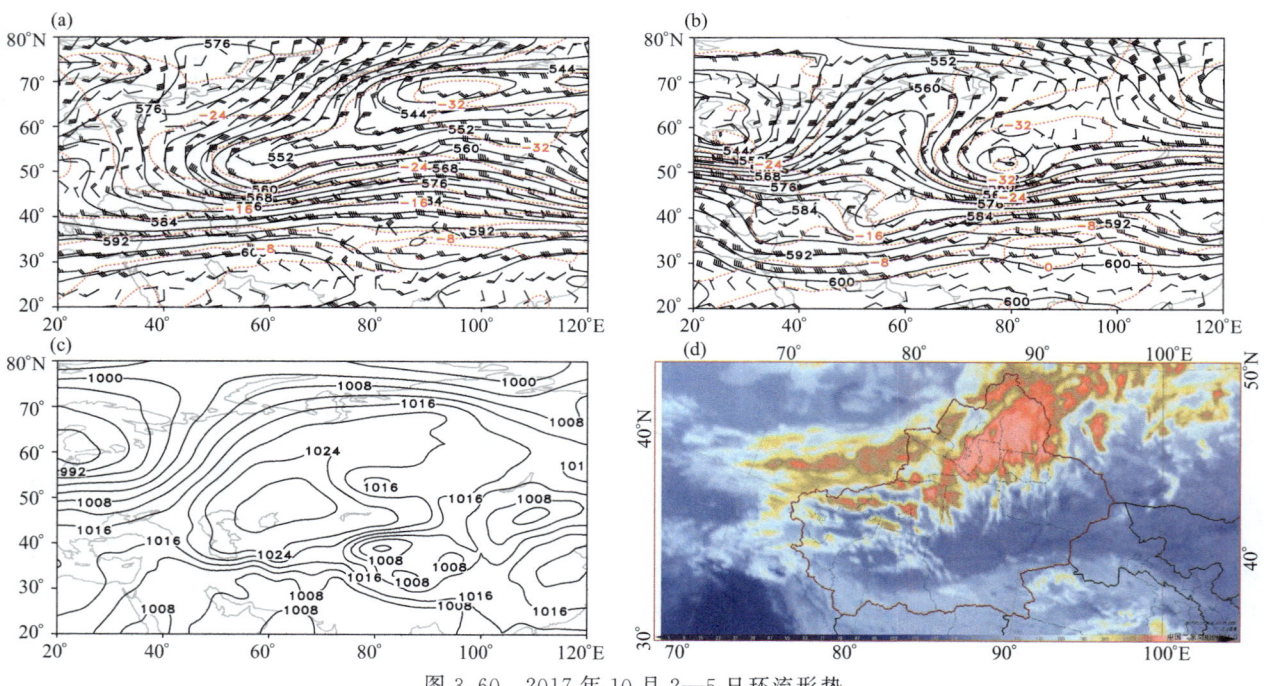

图 3.60　2017 年 10 月 2—5 日环流形势

(a)2017 年 10 月 2 日 20 时 500 hPa 形势,(b)2017 年 10 月 5 日 20 时 500 hPa 形势,
(c)2017 年 10 月 5 日 20 时海平面气压场(单位:hPa),(d)2017 年 10 月 4 日 23 时卫星云图

3.31 10月25日08时至28日20时天气过程

3.31.1 天气过程表

过程时间	10月25日08时至28日20时	
过程强度	中度	
影响系统及其演变	影响系统：高空——西西伯利亚低涡（槽）、强锋区；地面——冷高压、冷锋 演变特征：500 hPa欧亚范围内中高纬度为两脊两槽经向环流，25日08时西欧到东欧北部和新疆到中西伯利亚为高压脊控制，西西伯利亚地区为低涡，低涡中心位于额木斯克附近，低中心以乌拉尔山为向西伸展的横槽。25日20时，东欧北部高压脊顺转东南下，推动西西伯利亚横槽转竖东南移，与高空强锋区和冷锋共同影响，低槽东南移引导地面冷高压进入北疆、东疆，由于高压脊前北风带始终维持，冷高压东移过程中不断加强，造成北疆大部分地区降水和大风降温天气，低层流冷平流强，850 hPa北疆大部分地区降至－3℃出现雨转雪	
灾害性天气	寒潮	塔城地区、阿勒泰地区、吐鲁番市、哈密市等地8站出现寒潮天气。最大降温中心位于吉木乃，25—26日降温达9.9℃。过程最大降温中心为哈密市巴里坤站，降温12.1℃
	暴雨	过程最大降水中心昌吉州木垒县大石头站，累计降雨35.7 mm。伊犁州东部山区、昌吉州东部山区2站暴雨（雪）
	大风	北疆大部分地区、东疆出现5级左右西北风，共149站8级以上，2站12级以上，极大风速出现在阿勒泰地区吉木乃县冰川站（34.5 m/s）

3.31.2 天气过程图

①天气实况图

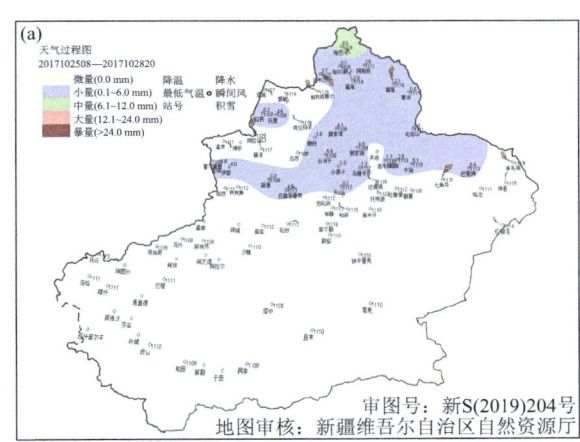
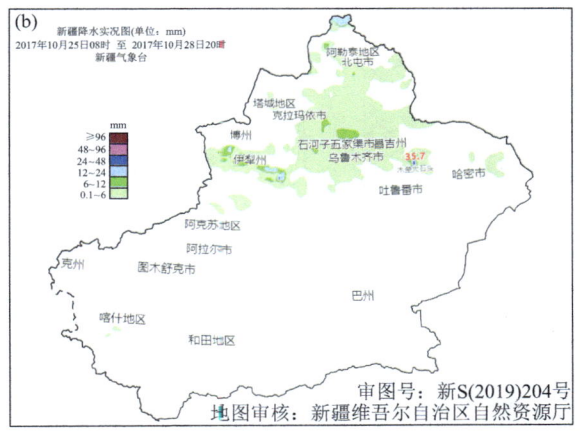
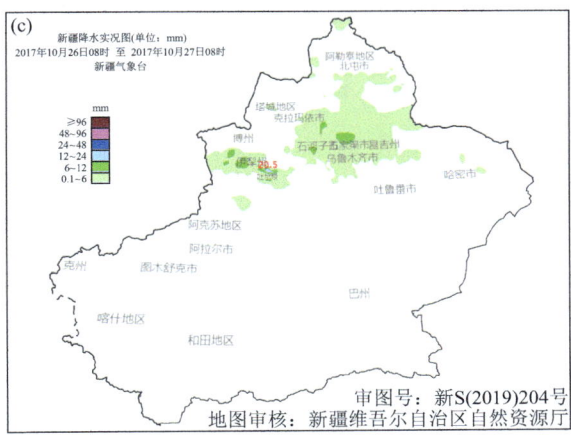
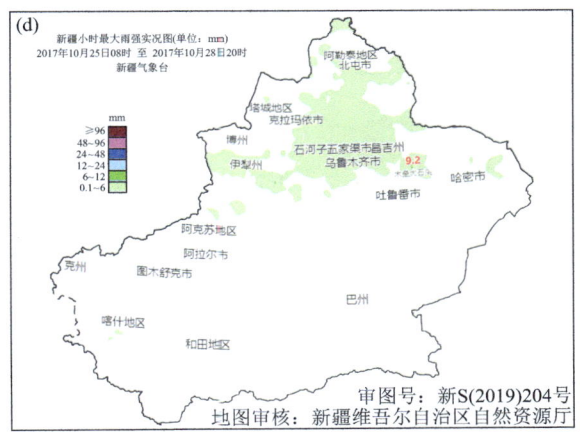

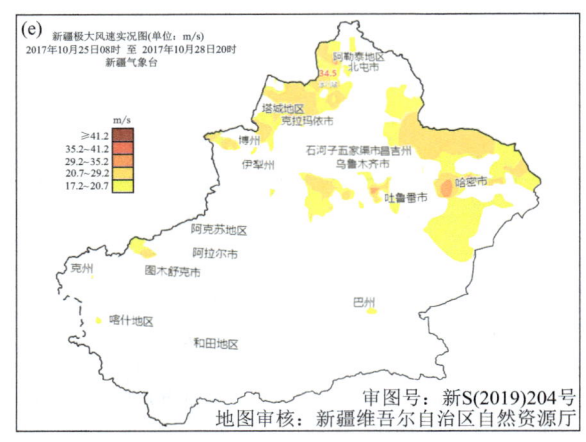
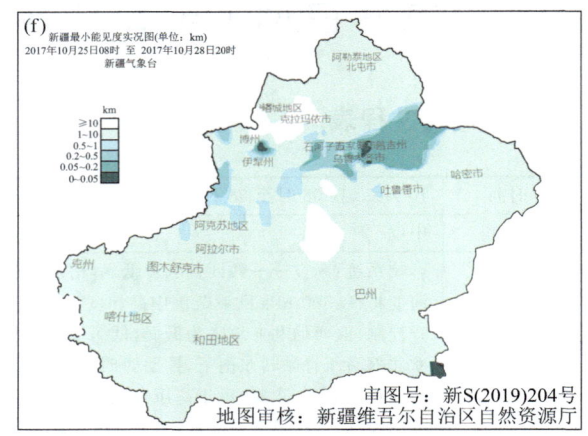

图 3.61　2017 年 10 月 25—28 日天气实况

(a)累计降水量(国家站,单位:mm),(b)累计降水量(含区域站,单位:mm),(c)单日最强降水(单位:mm),
(d)最大小时雨量(单位:mm),(e)过程极大风速(单位:m/s),(f)过程最小能见度(单位:km)

②环流形势图

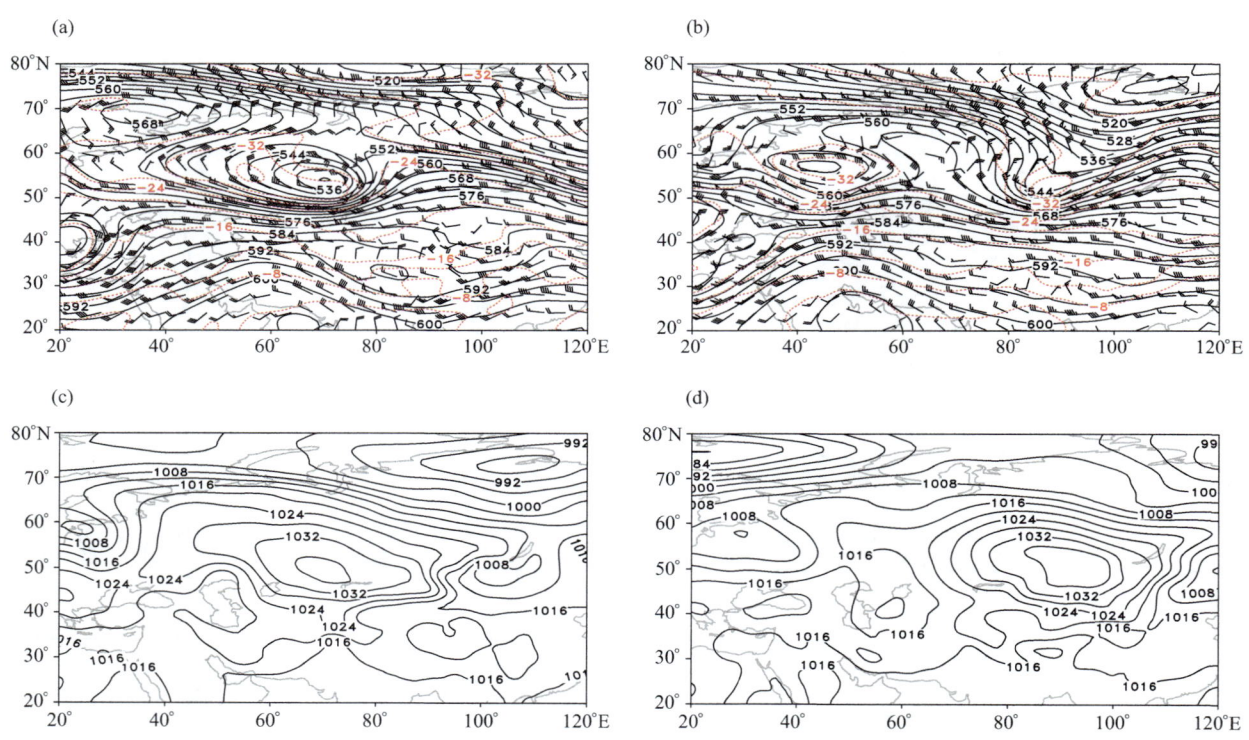

图 3.62　2017 年 10 月 24—27 日环流形势

(a)2017 年 10 月 24 日 20 时 500 hPa 形势,(b)2017 年 10 月 26 日 08 时 500 hPa 形势,
(c)2017 年 10 月 26 日 14 时海平面气压场(单位:hPa),(c)2017 年 10 月 27 日 14 海平面气压场(单位:hPa)

3.32 11月3日23时至6日08时天气过程

3.32.1 天气过程表

过程时间	11月3日23时至11月6日08时
过程强度	中度
影响系统及其演变	影响系统:高空——中亚地槽、西西伯利亚低槽;地面——冷高压、冷锋 演变特征:500 hPa欧亚范围中高纬度为两槽一脊的经向环流,主导系统为东欧脊,影响系统为中亚低槽与西西伯利亚低槽。3日夜间,东欧脊东移南落,推动西西伯利亚低槽东移逆转的过程中分裂短波东移北上,影响新疆北部地区并造成降水。4日白天至5日,随着下游贝加尔湖高压脊快速减弱东移 中亚低槽主体进入新疆,造成北疆大部降水天气
灾害性天气	大风	北疆、东疆等地的风口地区共71站出现8级以上大风,极大风速出现克拉玛依市后山金矿站(31.2 m/s)

3.32.2 天气过程图

①天气实况图

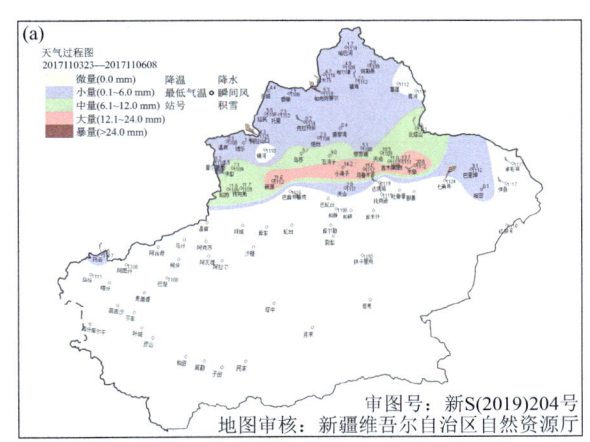

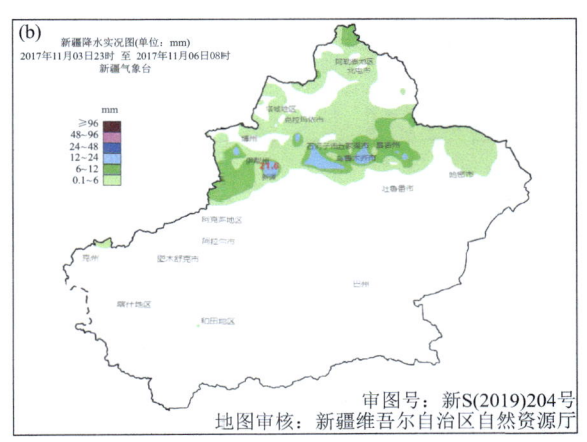

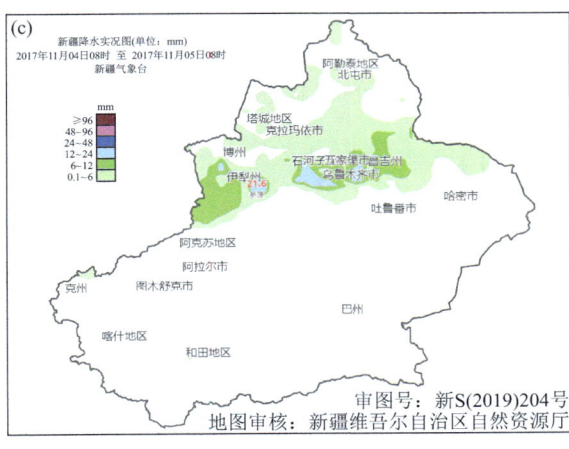

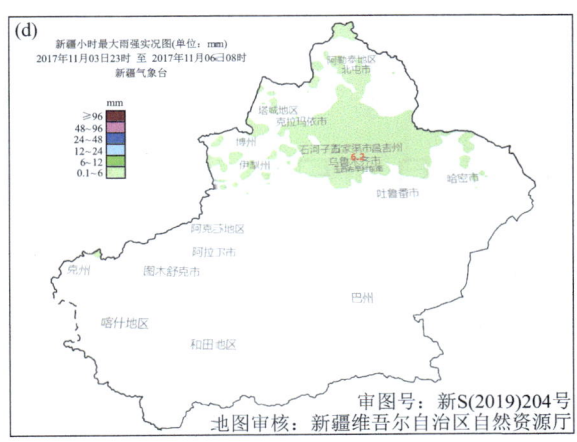

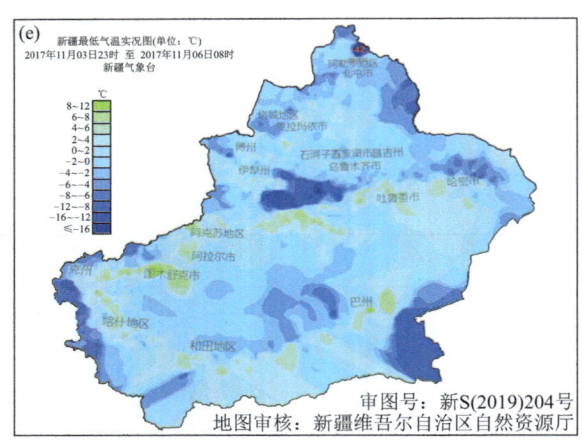 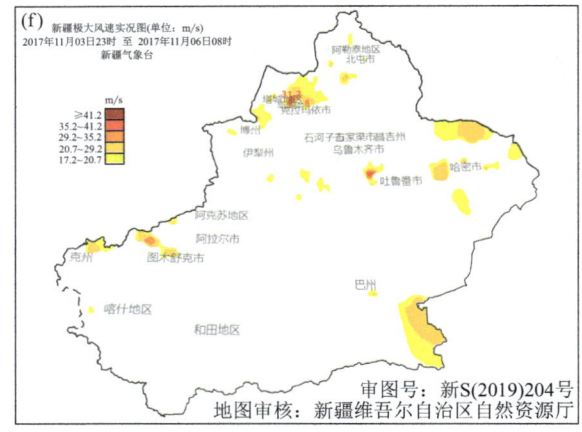

图 3.63　2017 年 11 月 3—6 日天气实况

(a)累计降水量(国家站,单位:mm),(b)累计降水量(含区域站,单位:mm),(c)单日最强降水(单位:mm),
(d)最大小时雨量(单位:mm),(e)过程最低气温(单位:℃),(f)过程极大风速(单位:m/s)

②环流形势图

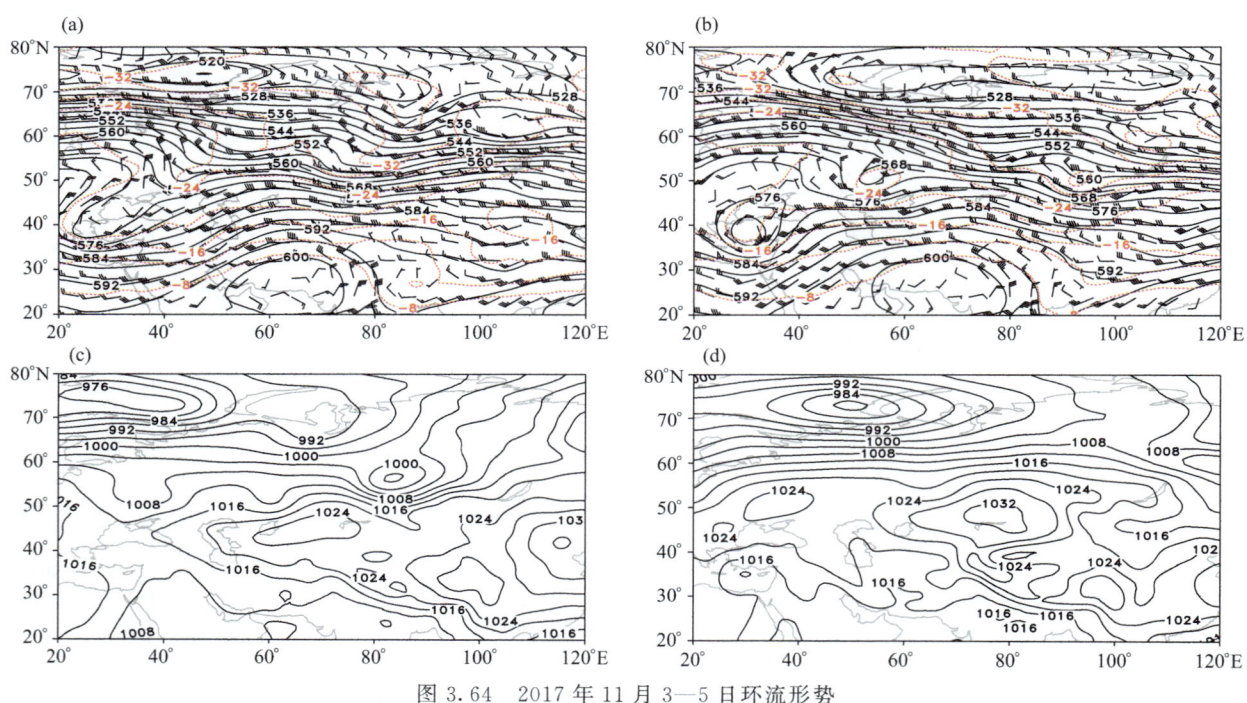

图 3.64　2017 年 11 月 3—5 日环流形势

(a)2017 年 11 月 4 日 20 时 500 hPa 形势,(b)2017 年 11 月 5 日 08 时 500 hPa 形势,
(c)2017 年 11 月 3 日 20 时海平面气压场(单位:hPa),(d)2017 年 11 月 5 日 08 时海平面气压场(单位:hPa)

3.33　11 月 10 日 05 时至 12 日 14 时天气过程

3.33.1　天气过程表

过程时间	11 月 10 日 05 时至 12 日 14 时
过程强度	中度
影响系统及其演变	影响系统:高空——西伯利亚低槽;地面——冷高压、冷锋 演变特征:9 日 20 时 500 hPa 欧亚范围内为经向环流,东欧和贝加尔湖到新疆为高压脊区,西西伯利亚地区为低槽,随着东欧高压脊东南落,推动西西伯利亚低槽东南移,低槽底部锋区加强进入新疆,低槽、强锋区和冷锋共同影响造成北疆大部分地区降水、降温天气,500 hPa −28 ℃ 等温线、850 hPa −4 ℃ 等温线和地面 1025 hPa 冷高压配合自西向东进入北疆,北疆大部分地区快速雨转雪

灾害性天气	暴雪	过程最大降雪中心哈密市巴里坤县前山乡站,累计降雪19.1 mm。阿勒泰地区北部山区和哈密市北部山区2站暴雪
	大风	北疆大部分地区、东疆出现4~5级西北风,共146站8级以上,2站12级以上,最大风速出现在塔城地区和丰县夏孜盖镇(36.3 m/s)

3.33.2 天气过程图

①天气实况图

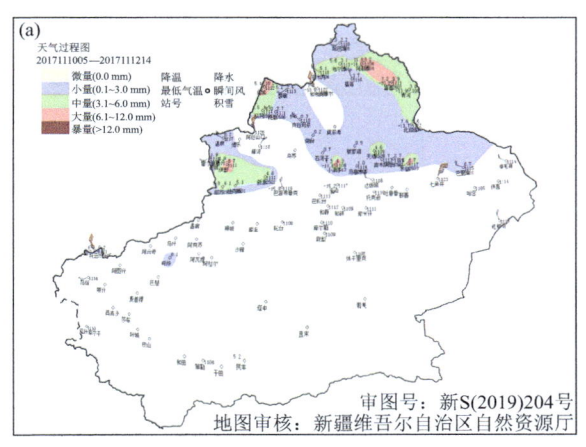 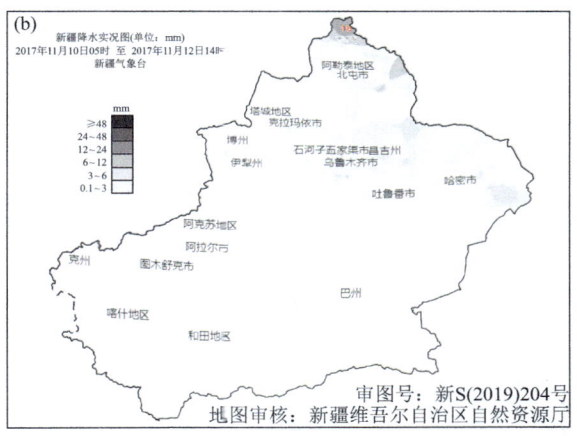

 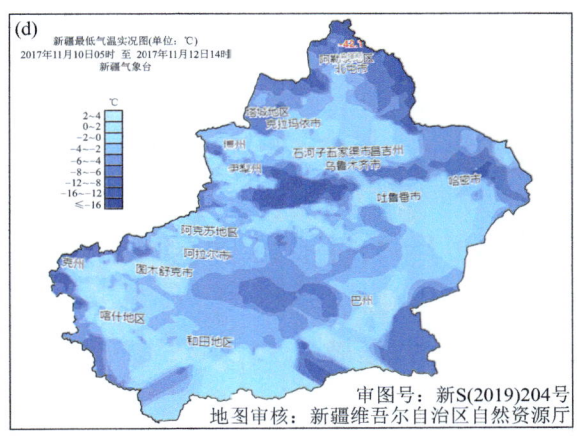

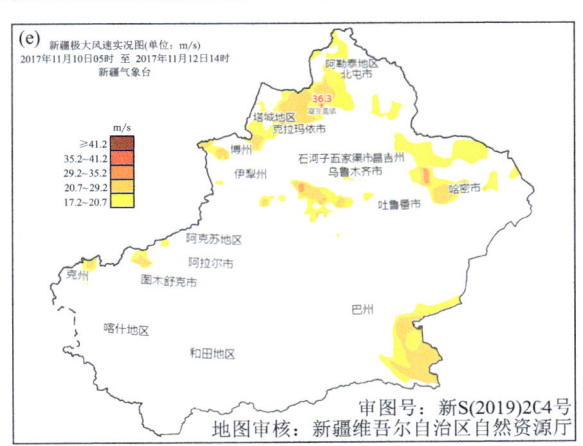

图 3.65　2017年11月10—12日天气实况

(a)累计降水量(国家站,单位:mm),(b)累计降水量(含区域站,单位:mm),
(c)10日08时—11日08时降水量(单位:mm),(d)过程最低气温(单位:℃),(e)过程极大风速(单位:m/s)

②环流形势图

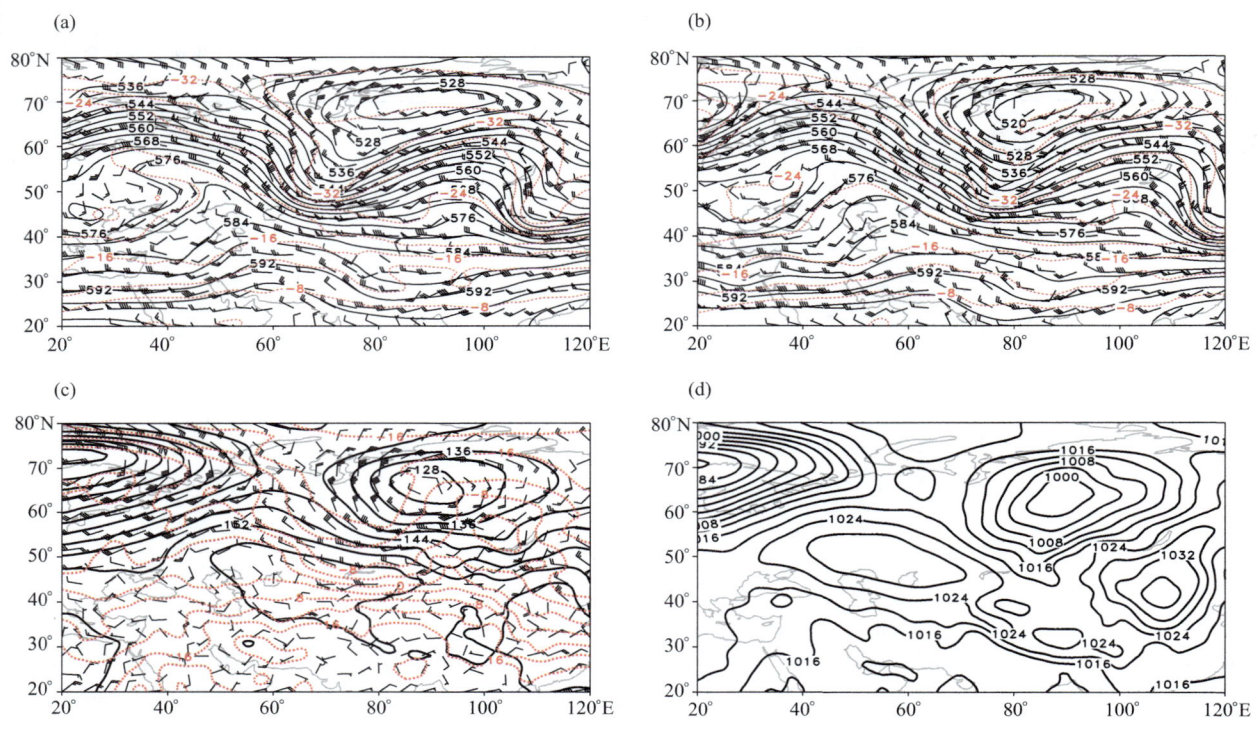

图 3.66　2017 年 11 月 9—10 日环流形势

(a)2017 年 11 月 9 日 20 时 500 hPa 形势,(b)2017 年 11 月 10 日 08 时 500 hPa 形势,
(c)2017 年 11 月 10 日 20 时 850 hPa 形势,(d)2017 年 11 月 10 日 08 时海平面气压场(单位:hPa)

3.34　11 月 15 日 20 时至 17 日 20 时天气过程

3.34.1　天气过程表

过程时间	11 月 15 日 20 时至 17 日 20 时	
过程强度	中度	
影响系统及其演变	影响系统:高空——巴尔喀什湖低槽;地面——冷高压、冷锋 演变特征:15 日 08 时 500 hPa 欧亚范围中高纬度为两槽一脊经向环流,里海到乌拉尔地区为高压脊,西伯利亚到咸海至巴尔喀什湖南侧为宽广的低槽活动区,随着乌拉尔山高压脊顺转东南移,低槽分为南、北两段,北段槽快速东移,南段槽在巴尔喀什湖附近加深且曲率变大,然后东南移进入新疆,造成天山山区及其两侧降雪天气	
灾害性天气	寒潮	乌鲁木齐市南部山区、巴州北部、克州山区等地 3 站出现寒潮,其中 1 站出现强寒潮。最大降温中心位于巴音布鲁克,16—17 日降温达 11.2℃
	暴雪	过程累计最大降雪中心乌鲁木齐站,累计降雪 13.6 mm。塔城地区南部山区、乌鲁木齐市共 3 站暴雪。国家站乌鲁木齐 1 站暴雪
	大风	北疆、东疆风口共 29 站出现 8 级以上西北风,极大风速出现在克州阿合奇县哈拉布拉克乡吾奇开站(23.4 m/s)

3.34.2 天气过程图

①天气实况图

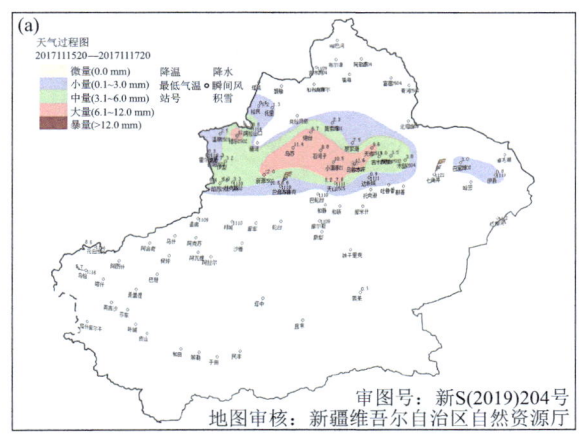
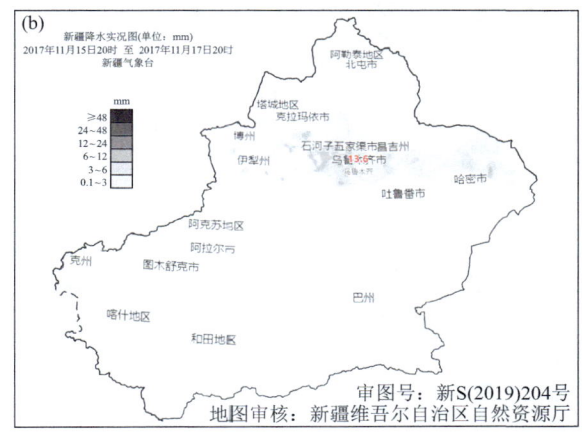
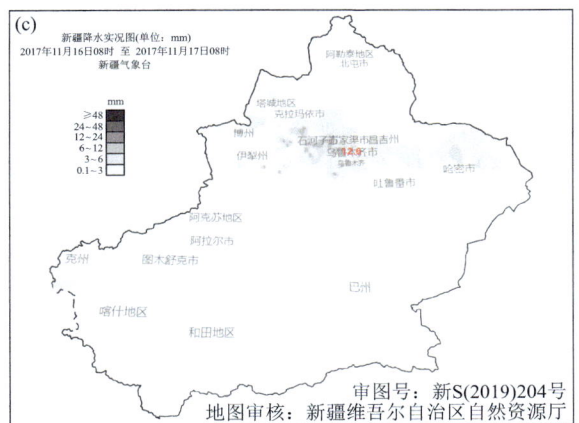
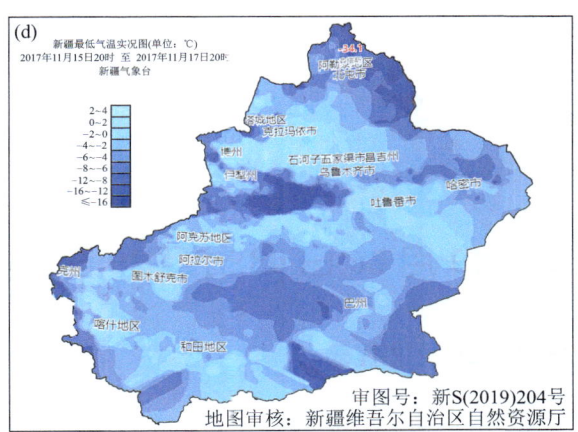
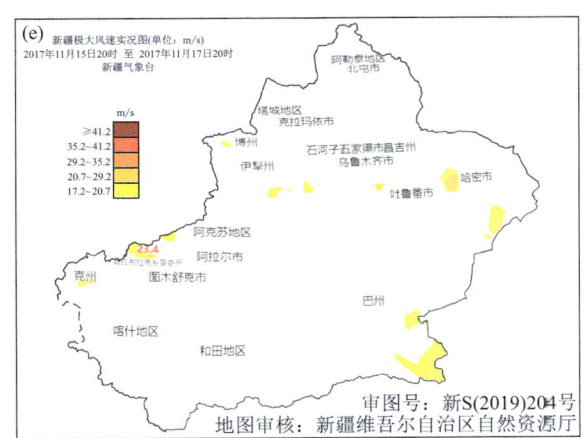

图 3.67　2017 年 11 月 15—17 日天气实况

(a)累计降水量(国家站,单位:mm),(b)累计降水量(含区域站,单位:mm),(c)单日最强降水(单位:mm),
(d)过程最低气温(单位:℃),(e)过程极大风速(单位:m/s)

②环流形势图

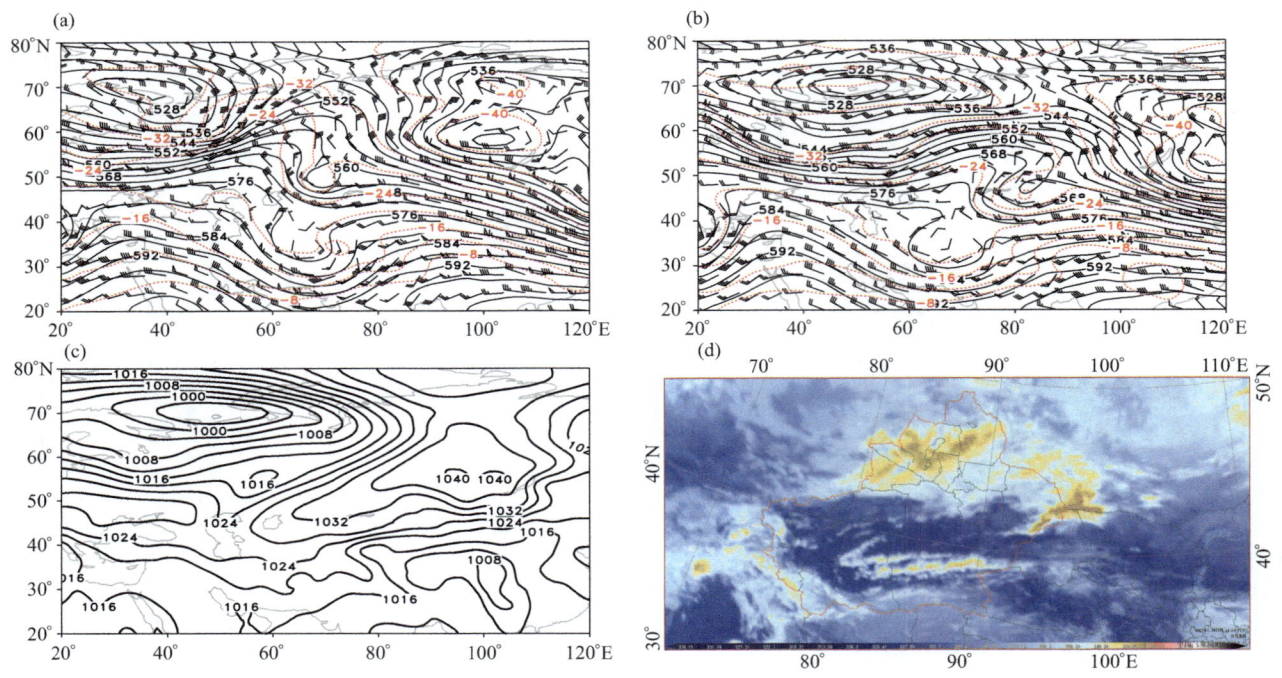

图 3.68　2017 年 11 月 15—17 日环流形势

(a)2017 年 11 月 15 日 08 时 500 hPa 形势,(b)2017 年 11 月 16 日 20 时 500 hPa 形势,
(c)2017 年 11 月 16 日 14 时海平面气压场(单位:hPa),(d)2017 年 11 月 16 日 14 时卫星云图

3.35　12 月 26 日 08 时至 29 日 08 时天气过程

3.35.1　天气过程表

过程时间		12 月 26 日 08 时至 12 月 29 日 08 时
过程强度		强(暴雪)
影响系统及其演变		影响系统:高空——中亚槽、乌拉尔山大槽、强锋区、高空急流、700 hPa 切变线、低空急流;地面——冷高压、冷锋、暖低压 演变特征:26 日 08 时 500 hPa 欧亚范围中高纬度为两槽两脊的经向环流,乌拉尔山和东亚沿岸为低槽活动区,欧洲中部和中西伯利亚为高压脊区,欧洲中部脊前西北风带风速大,等温线密集,引导北方冷空气进入乌拉尔山低槽,26 日 20 时随着欧洲中部脊东南落,乌拉尔低槽东南移至额木斯克附近,27 日 08 时槽前锋区明显加强移至新疆西部国境线,受南支脊补充里海—咸海地区高压脊发展推动原位于额木斯克低槽与中亚槽合并东移进入新疆,偏北冷空气和槽前强盛的西南气流汇合在伊犁河谷至中天山地区,受下游脊阻挡低槽进入新疆后移速缓慢,与高空急流、切变线、冷锋共同影响造成伊犁州和沙湾到木垒一线天山北坡暴雪天气,向山的低空急流为暴雪增幅。强度为 1045 hPa 的地面冷高压,在 24 h 内(27 日 08 时—28 日 08 时)快速进入北疆、部分从南疆偏西地区翻山进入南疆盆地,造成北疆部分区域出现寒潮,冷高压与暖低压之间气压差超过 25 hPa,造成南疆大部分地区较强大风天气,强风将沙尘扬起造成南疆部分区域出现扬沙和沙尘暴天气
灾害性天气	寒潮	伊犁州和博州、阿勒泰地区、乌鲁木齐市、昌吉州山区、巴州、喀什地区山区、克州、哈密市北部等地 31 站出现寒潮,其中,10 站出现强寒潮,2 站出现特强寒潮,日最大降温和过程降温中心位于乌鲁木齐市天山大西沟站,分别是 13.2℃和 15℃
	暴雪	过程最大降雪中心昌吉州天池站,累计降雪 27.2 mm。伊犁州南部、塔城地区南部、阿勒泰地区西部、乌鲁木齐市、昌吉州等地共 14 站暴雪,2 站大暴雪。国家站特克斯、沙湾、米东区、小渠子、白杨沟、奇台、木垒 7 站暴雪,乌鲁木齐、天池 2 站大暴雪。暴雪出现在 27 日 08 时至 28 日 08 时
	大风	北疆大部分地区、东疆和南疆偏西地区出现 6～7 级西北风,共 429 站 8 级以上,46 站 12 级以上,极大风速出现在喀什地区巴楚县境内 314 国道 1206 km 站(47.3 m/s)
	沙尘暴	喀什地区、克州等地的部分区域和阿克苏地区西部局部区域出现扬沙或沙尘暴,其中伽师、岳普湖、阿合奇、乌什 4 站出现沙尘暴

3.35.2 天气过程图

① 天气实况图

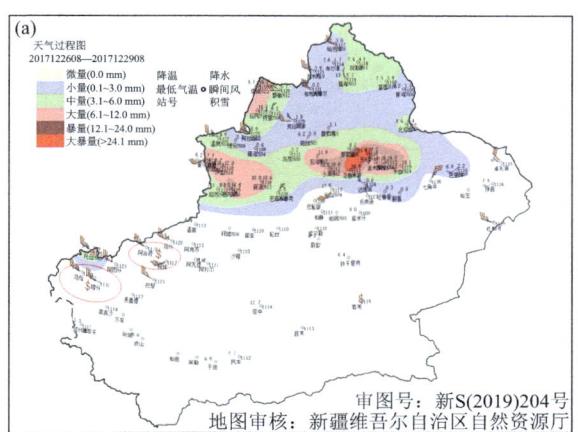
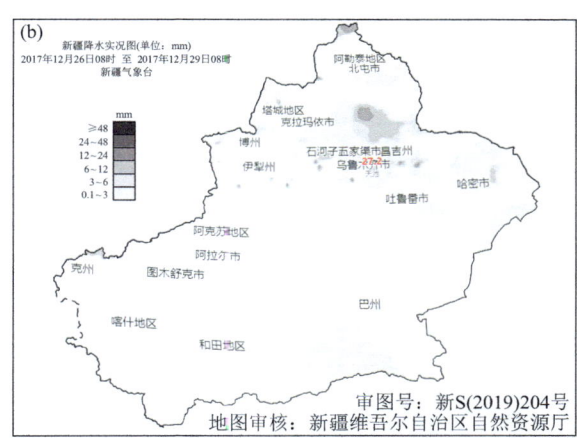
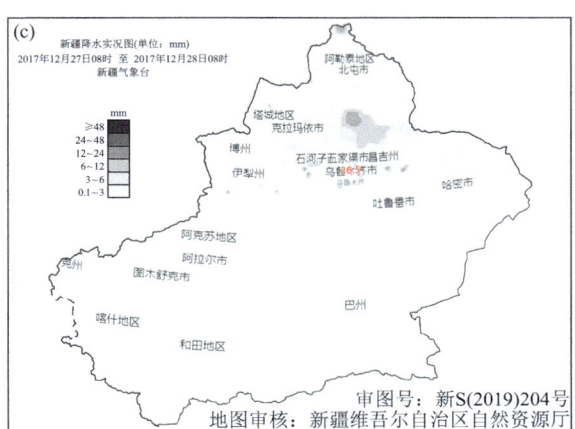
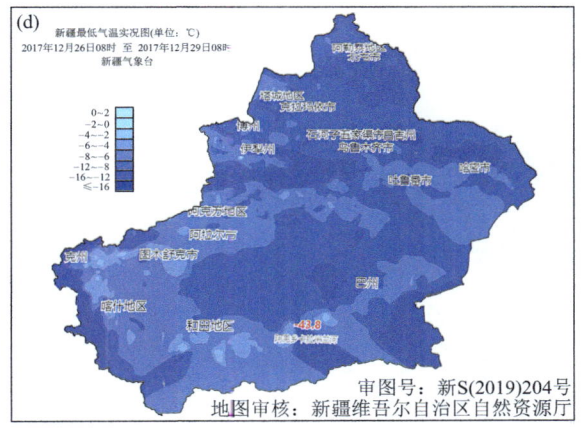
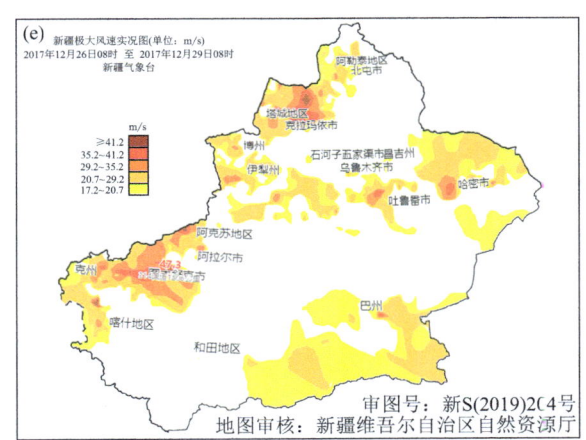

图 3.69 2017 年 12 月 26—29 日天气实况

(a) 累计降水量(国家站,单位:mm),(b) 累计降水量(含区域站,单位:mm),(c)12 月 27—28 日(08 时)降水量(单位:mm),
(d) 过程最低气温(单位:℃),(e) 过程极大风速(单位:m/s)

②环流形势图

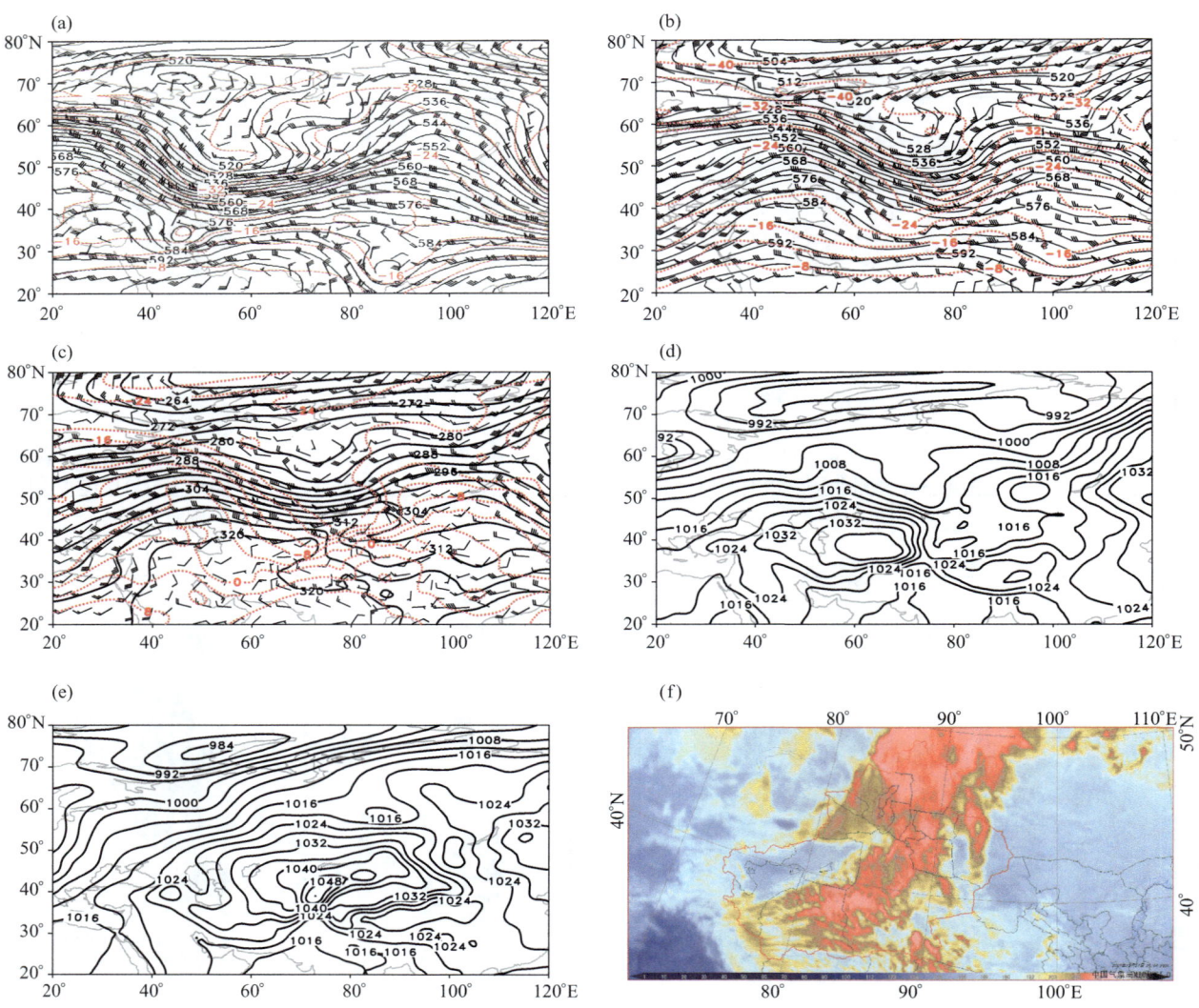

图 3.70　2017 年 12 月 26—28 日环流形势
(a)2017 年 12 月 26 日 08 时 500 hPa 形势，(b)2017 年 12 月 27 日 20 时 500 hPa 形势，
(c)2017 年 12 月 27 日 20 时 700 hPa 形势，(d)2017 年 12 月 27 日 08 时海平面气压场(单位：hPa)，
(e) 2017 年 12 月 28 日 08 时海平面气压场(单位：hPa)，(f) 2017 年 12 月 27 日 20 时卫星云图

第4章 2017年中弱、弱天气过程图

4.1 中弱天气过程信息表

序号	天气过程编号	起止时间	序号	天气过程编号	起止时间
1	201702	2017010620—2017011002	13	201737	2017060417—2017060620
2	201703	2017011211—2017011514	14	201739	2017061108—2017061208
3	201704	2017012320—2017012520	15	201741	2017062208—2017062408
4	201709	2017021205—2017021420	16	201746	2017071008—2017071308
5	201715	2017031017—2017031414	17	201747	2017071314—2017071508
6	201723	2017041120—2017041311	18	201751	2017073120—2017080302
7	201726	2017041823—2017042008	19	201752	2017080302—2017080714
8	201727	2017042117—2017042520	20	201760	2017090705—2017090902
9	201728	2017042520—2017042817	21	201768	2017100708—2017100914
10	201730	2017050705—2017050808	22	201769	2017101902—2017102020
11	201731	2017051114—2017051314	23	201772	2017110614—2017110820
12	201732	2017051708—2017051808	24	201779	2017121508—2017121714

4.2 中弱天气过程实况图

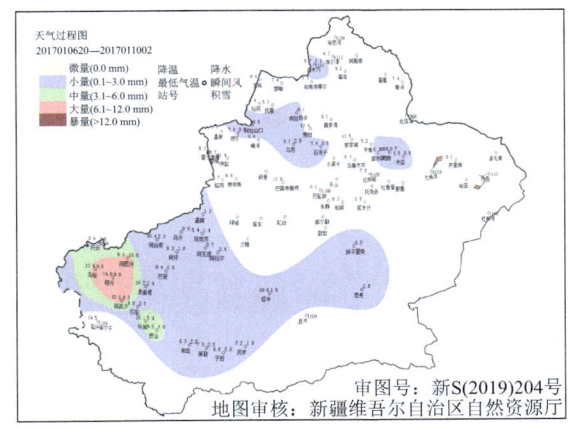

(1) 2017010620—2017011002

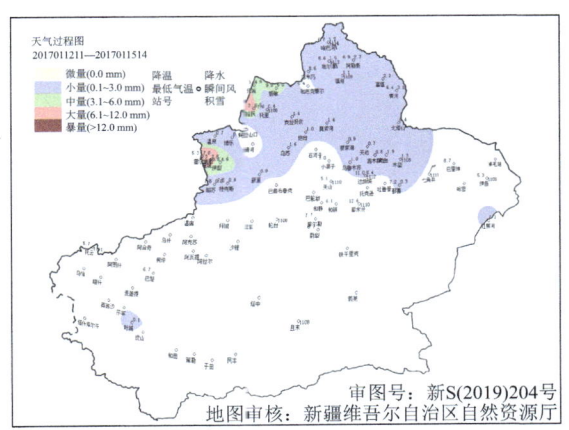

(2) 2017011211—2017011514

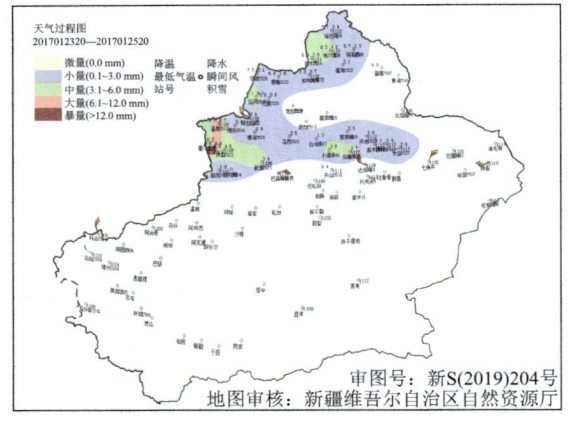

(3) 2017012320—2017012520

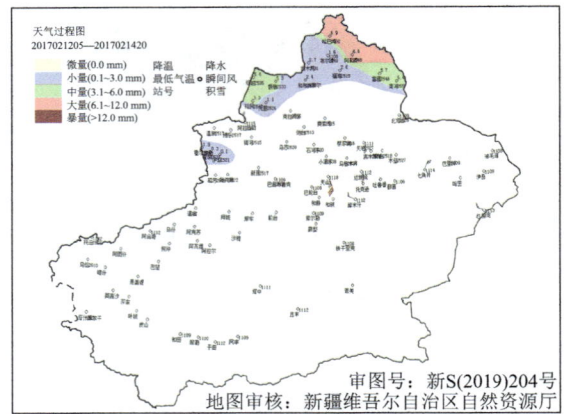

(4) 2017021205—2017021420

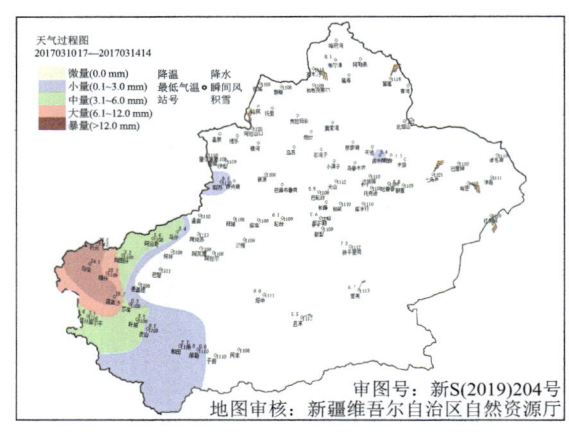

(5) 2017031017—2017031414

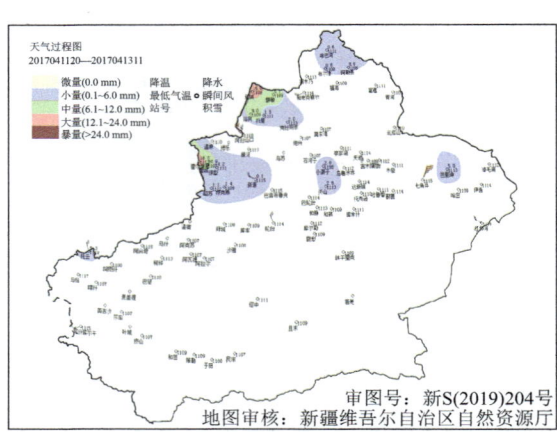

(6) 2017041120—2017041311

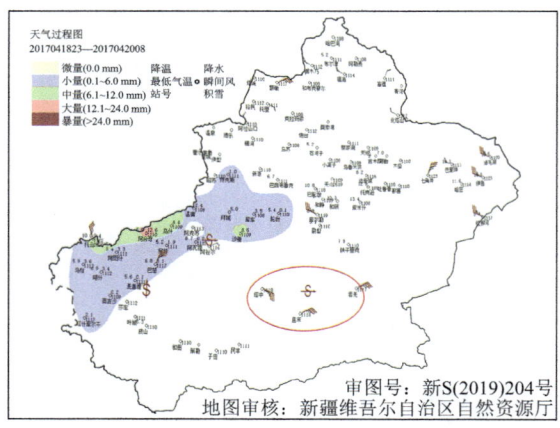

(7) 2017041823—2017042008

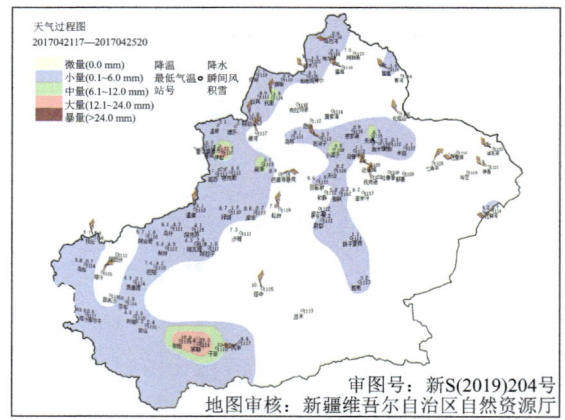

(8) 2017042117—2017042520

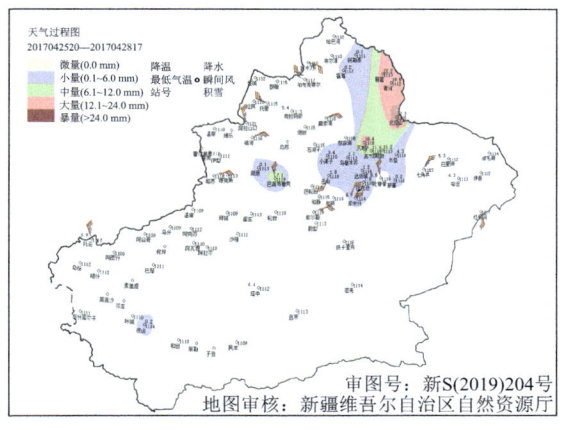

(9) 2017042520—2017042817

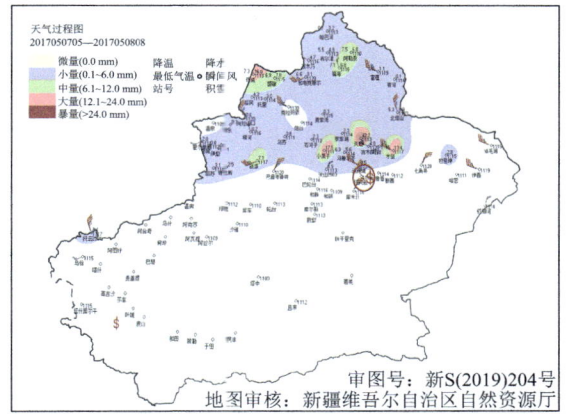

(10) 2017050705—2017050808

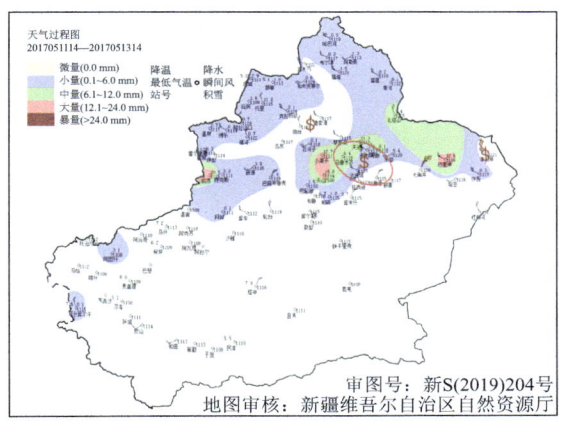

(11) 2017051114—2017051314

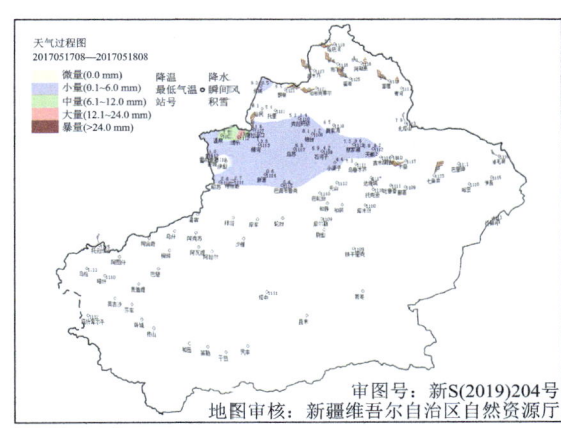

(12) 2017051708—2017051808

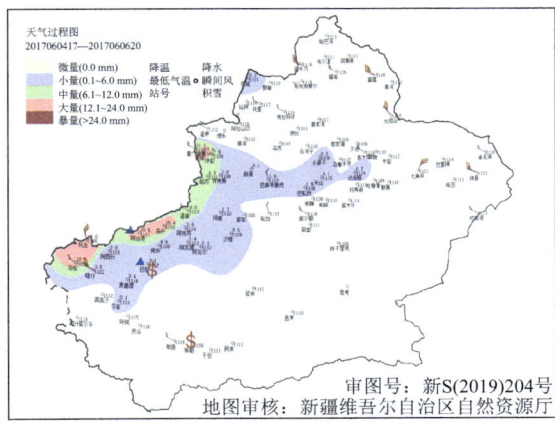

(13) 2017060417—2017060620

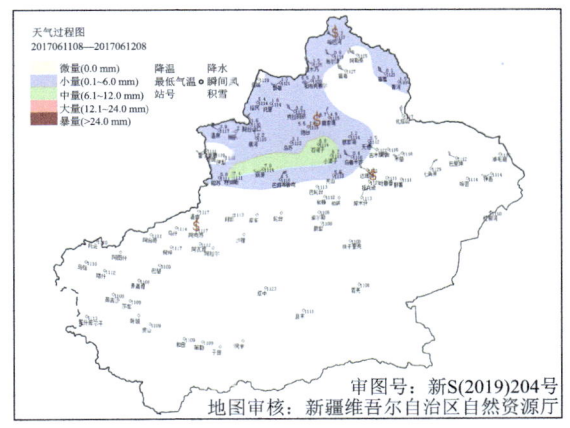

(14) 2017061108—2017061208

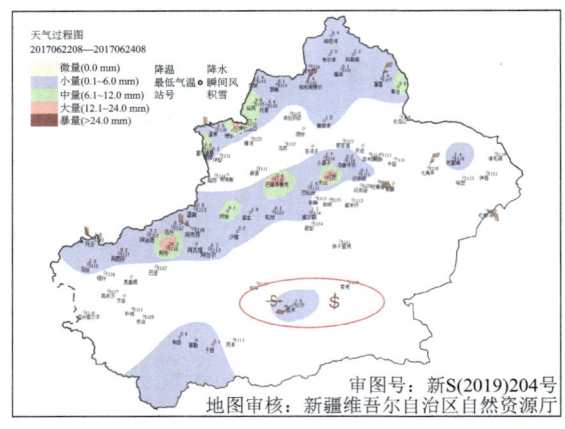

(15) 2017062208—2017062408

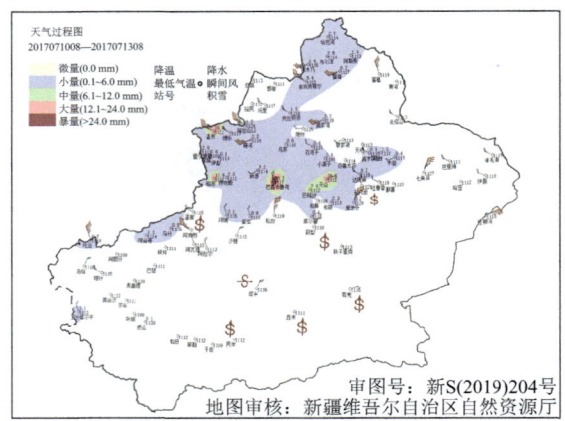

(16) 2017071008—2017071308

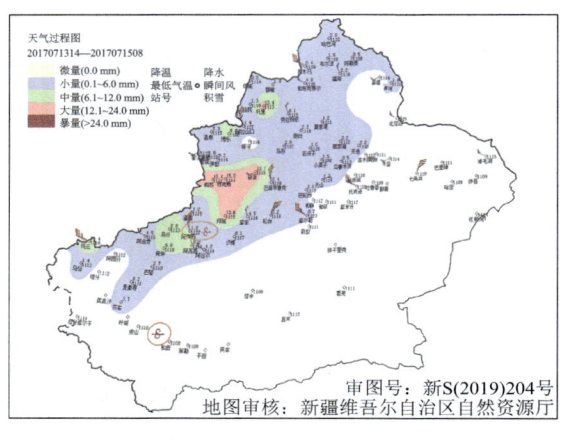

(17) 2017071314—2017071508

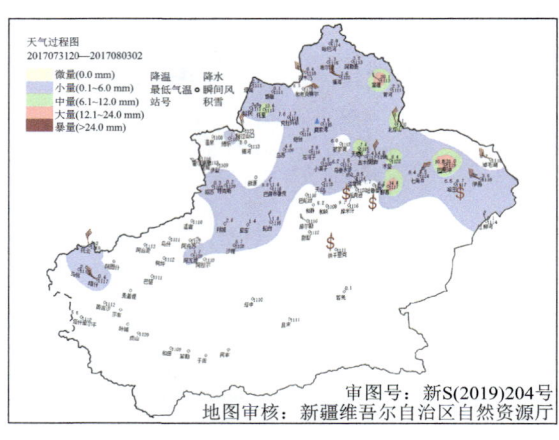

(18) 2017073120—2017080302

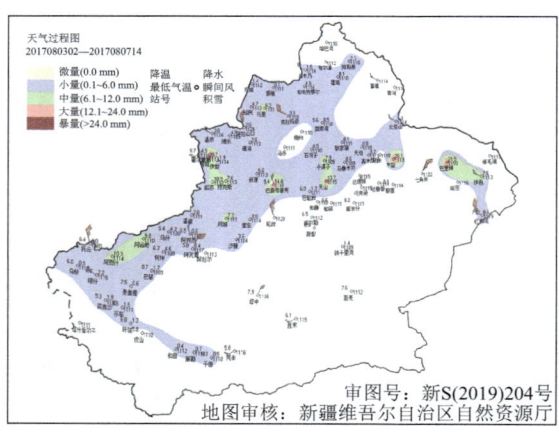

(19) 2017080302—2017080714

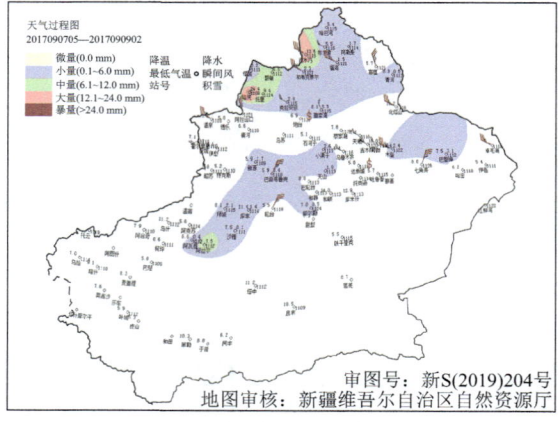

(20) 2017090705—2017090902

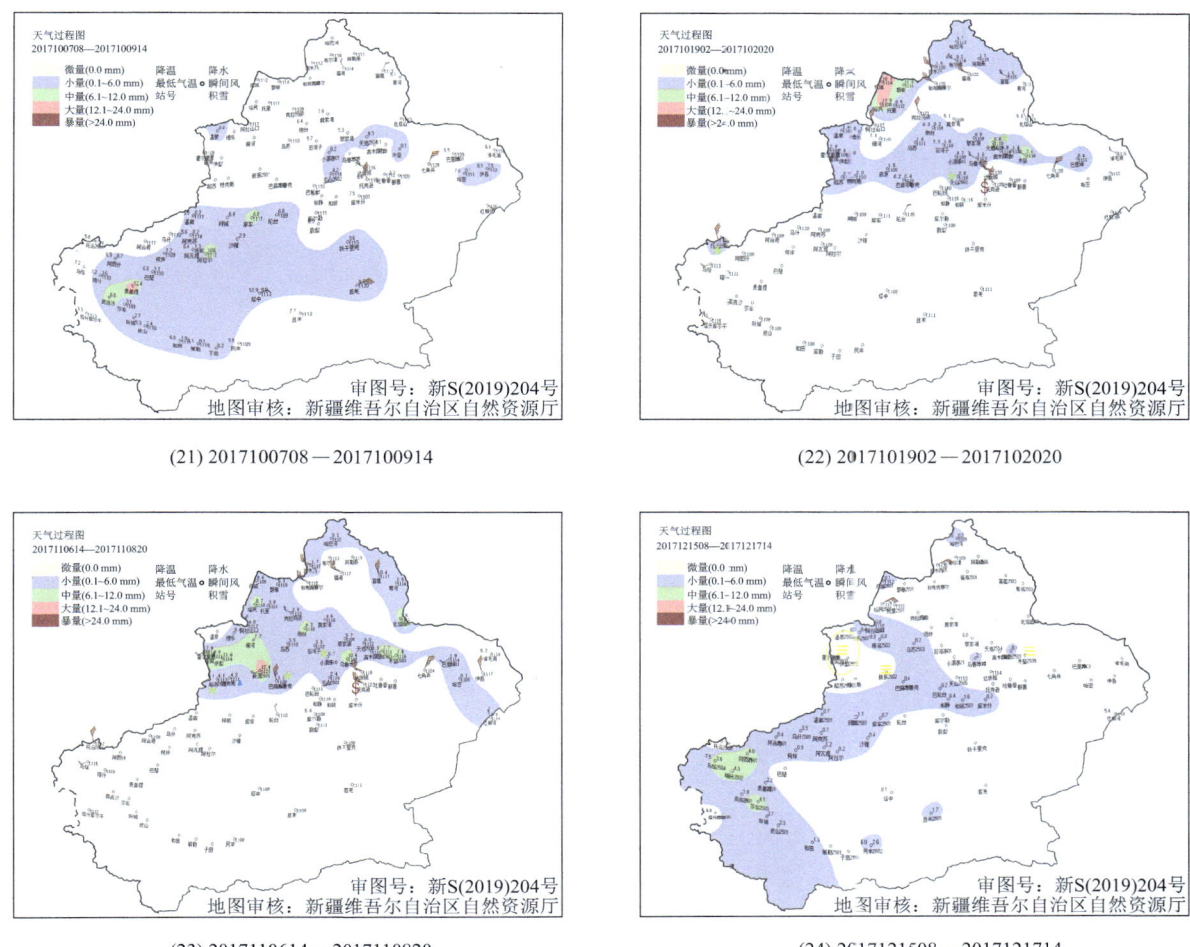

图 4.1 中弱天气过程图(国家站,单位:mm)

4.3 弱天气过程信息表

序号	天气过程编号	起止时间	序号	天气过程编号	起止时间
1	201701	2017010320—2017010414	12	201758	2017082520—2017082908
2	201705	2017012520—2017012614	13	201759	2017082908—2017083122
3	201706	2017013114—2017020208	14	201762	2017091408—2017091720
4	201708	2017020620—2017020914	15	201763	2017091905—2017092014
5	201710	2017021420—2017021602	16	201764	2017092105—2017092305
6	201713	2017022608—2017022720	17	201775	2017111908—2017112017
7	201717	2017032702—2017032905	18	201776	2017112708—2017112908
8	201718	2017033020—2017040108	19	201777	2017120220—2017120620
9	201719	2017040108—2017040214	20	201778	2017121308—2017121420
10	201722	2017040820—2017041117	21	201780	2017122102—2017122305
11	201749	2017072308—2017072620			

4.4 弱天气过程实况图

(1) 2017010320—2017010414

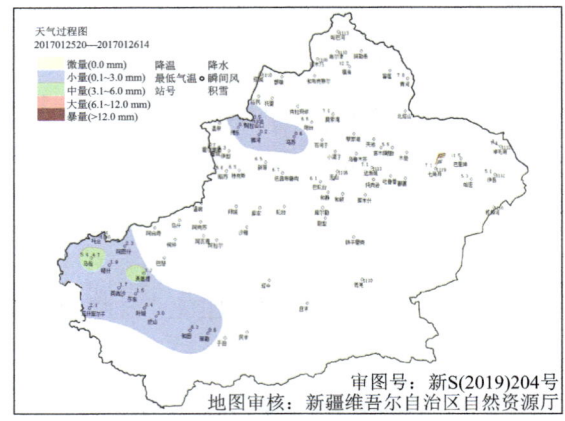

(2) 2017012520—2017012614

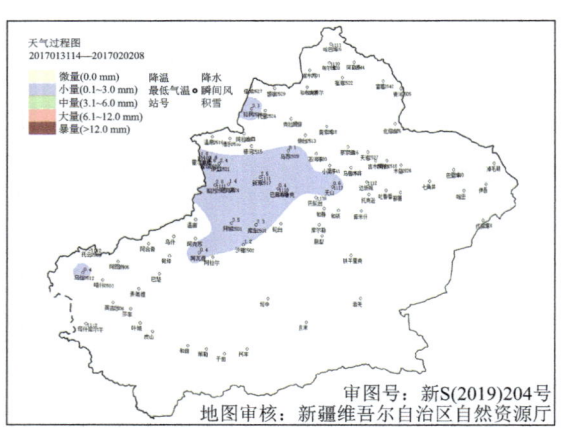

(3) 2017013114—2017020208

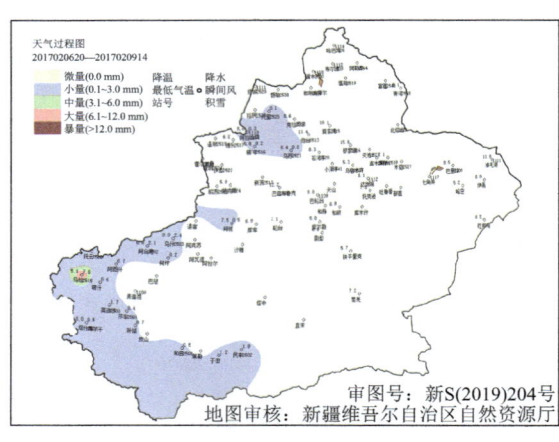

(4) 2017020620—2017020914

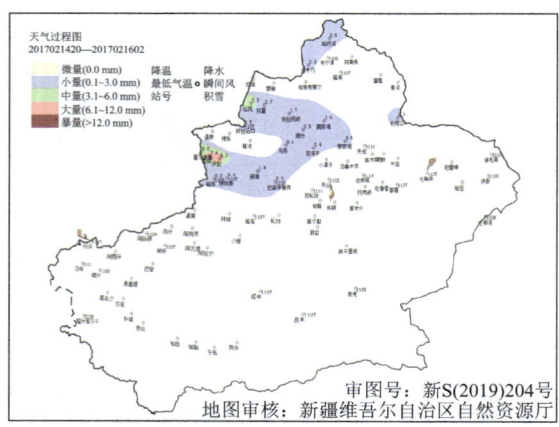

(5) 2017021420—2017021602

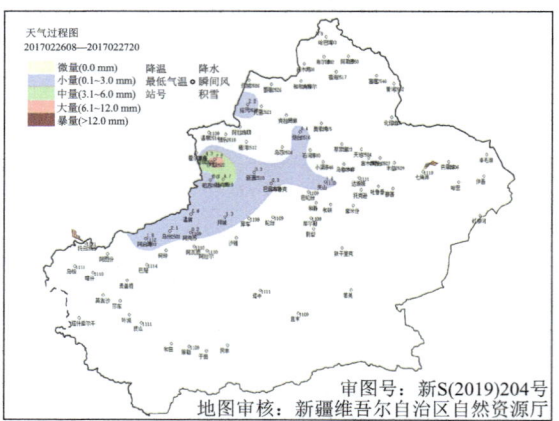

(6) 2017022608—2017022720

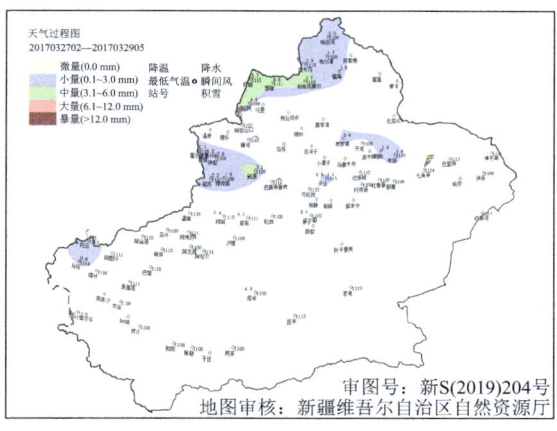
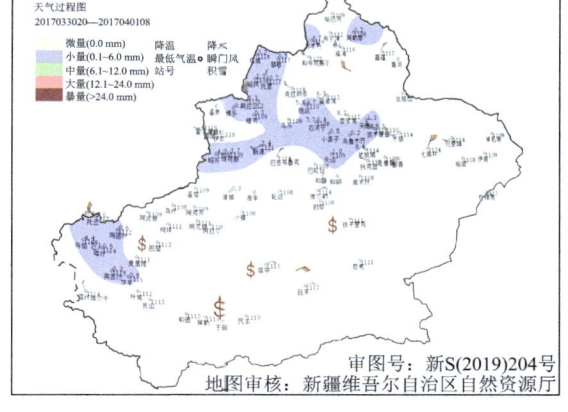

(7) 2017032702—2017032905　　　　　　(8) 2017033020—2017040108

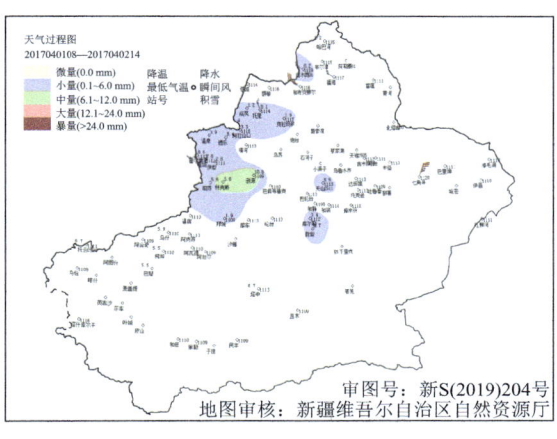
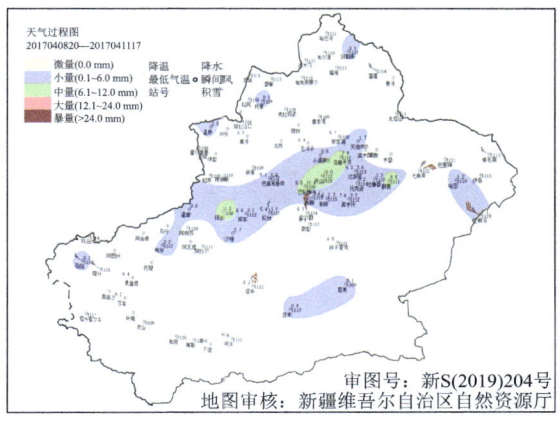

(9) 2017040108—2017040214　　　　　　(10) 2017040820—2017041117

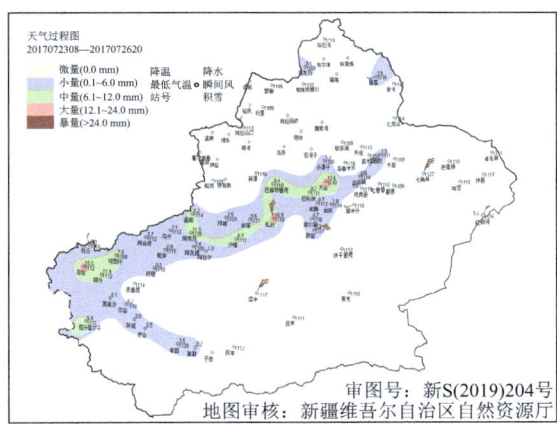
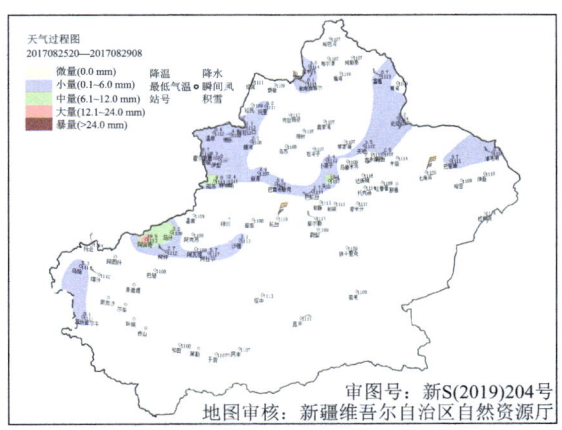

(11) 2017072308—2017072620　　　　　　(12) 2017082520—2017082908

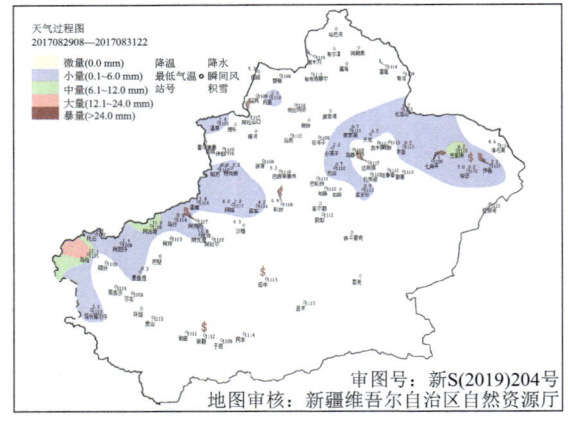

(13) 2017082908—2017083122

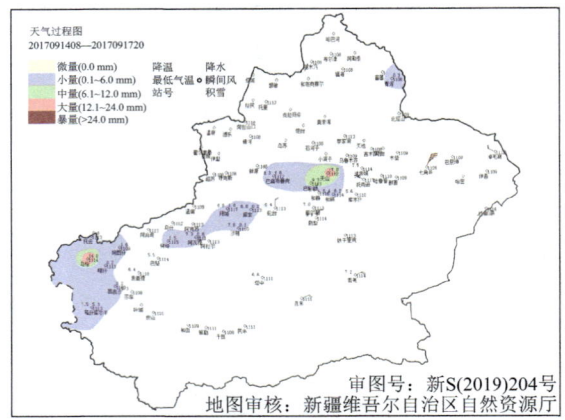

(14) 2017091408—2017091720

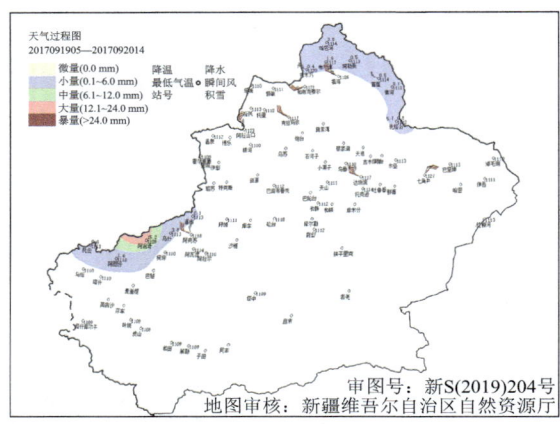

(15) 2017091905—2017092014

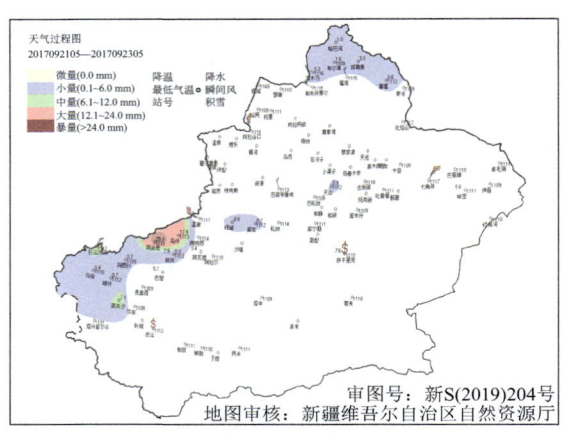

(16) 2017092105—2017092305

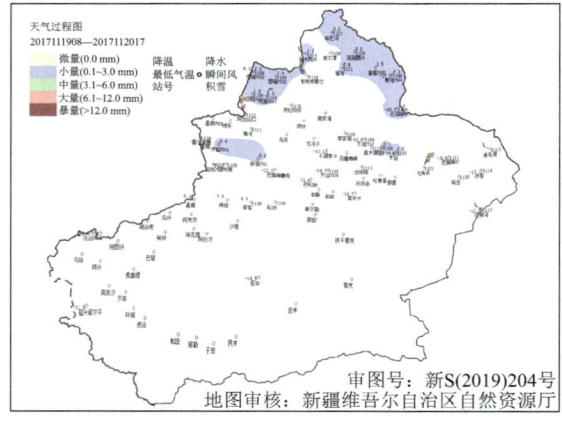

(17) 2017111908—2017112017

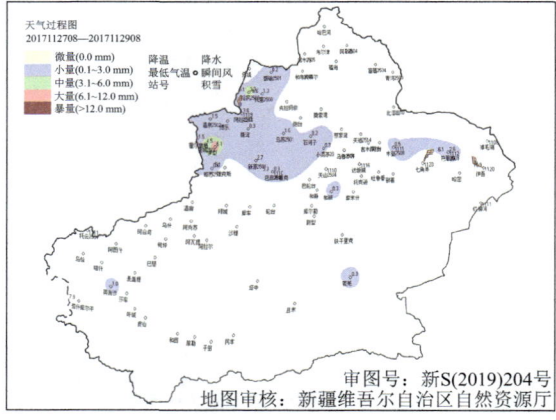

(18) 2017112708—2017112908

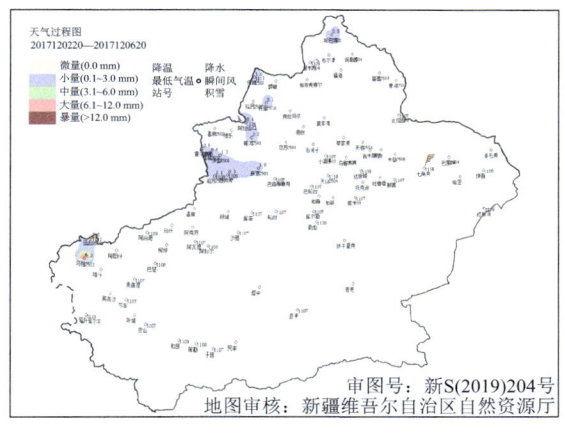

(19) 2017120220—2017120620

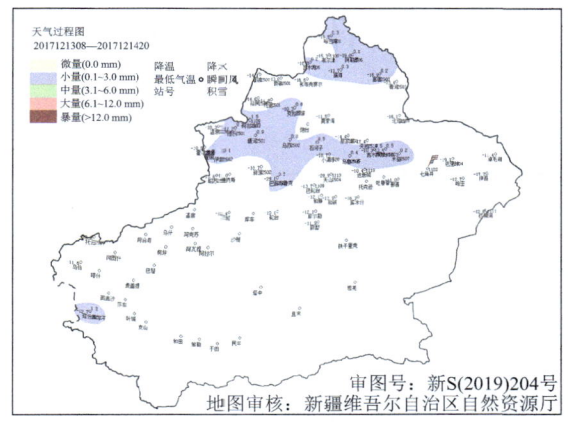

(20) 2017121308—2017121420

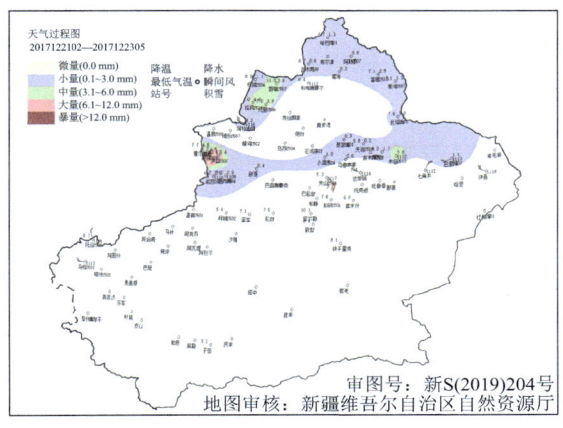

(21) 2017122102—2017122305

图 4.2　弱天气过程图(国家级气象站)

附录 A 新疆天气过程强度业务标准

变温	过程降水	风力	过程强度
≤5～8℃	微到小量(个别中量)	4～5级,风口6级	弱
≤5～8℃	小量(个别中量) 小量(个别大量)	5级,风口6～7级	中弱
≤5～8℃	中量(个别小量) 小量(个别大量)	5级,风口7～8级	中度
≥8～10℃	小量(个别微量) 小量(个别中量) 中量(个别小量)	6级,风口8～9级	中强
≤5～8℃	中量(个别大量) 中到大量	6级,风口8～9级	中强
≥10℃	微到小量	6级,风口8～9级	中强
≥8～10℃	中到大量	6级,风口9～10级	强
≥10℃	中量(个别小量)	6级,风口9～10级	强
≥13℃	微到小量	6级,风口9～10级	强
≤5～8℃	大量或大到暴量	6级,风口9～10级	强
≥8～10℃	大量	6级,风口9～10级	特强
≥13℃	≥中量	6级,风口9～10级	特强
≥5～8℃	微到小量		中度

附录 B　新疆气象台高温天气过程标准

（业务试行稿 2020 年 5 月）

1　范围

本标准给出了新疆高温天气过程的等级及划分方法。

本标准适用于新疆高温天气过程的监测、评估及预报服务。

2　术语和定义

2.1　高温天气

日最高气温≥35℃的天气。

2.2　高温日

某日有 1 个或以上站点的日最高气温≥35℃（吐鄯托盆地 37℃以上），则将该日记为一个高温日。

2.3　过程高温日

设定全疆范围内某天有 1 成或以上的站点出现高温天气。

3　新疆高温天气过程的判识

根据全疆气象观测站资料，从满足一个过程高温日标准开始，至不满足过程高温日标准的前一天结束且须持续三天或以上，可判定全疆出现高温天气过程，对于大于 5 天的高温过程，允许期间仅一天的高温站数可少于 1 成。

4　等级划分

4.1　等级

新疆高温天气过程划分为四个等级，分别为特强、强、中等、弱。

4.2　划分方法

4.2.1　划分指标

新疆高温天气过程等级根据新疆高温天气过程等级指标（I）进行划分，见表 B.1。

表 B.1　新疆高温天气过程等级划分标准（含区域气象站）

新疆高温天气过程等级	新疆高温天气过程等级指标
特强	$I \geqslant 1.5$
强	$1.2 \leqslant I < 1.5$
中等	$0.7 \leqslant I < 1.2$
弱	$I < 0.7$

4.2.2　I 的计算方法

I 的计算公式见式（B.1）：

$$I = \sum_{k=1}^{3} T_k \times W_k \tag{B.1}$$

式中，I——新疆高温天气过程等级指标；

T_k——日最高气温分级，取值分别为 1,2,3，对应 [35℃,37℃)，[37℃,40℃)，[40℃,+∞) 三个温度区间；

W_k——T_k 对应的站点数占总站点数的比例。

附录 C　新疆气象台天气过程制作规范(试行)

一、天气过程的制作和存放

1. 天气过程结束后,定量降水岗值班员在 12 h 之内确定天气过程的起止时间,并安排过程结束当日值班的短临监测预警岗白班人员制作。
2. 短临监测预警岗白班值班员在接到定量降水岗值班员安排的 72 h 内,完成天气过程数据的生成、天气过程图的绘制和天气实况、环流形势演变的文字撰写,经定量降水岗值班员和首席审核、确定天气过程强度后,使用软件完成天气过程图与天气实况、环流形势演变文字的合成并使用 A4 纸彩色打印、存档,同时填写天气过程检索纸质档案(见附件 C.3)和电子档案(见附件 C.4),最后将上述所有电子文件上传至 10.185.104.89\tqgcsj\tqgcbmp 相应年份文件夹中。

二、天气过程的命名规则

天气过程文件命名规则为:AAA-YYYYMMDDHH－mmddhh,其中 AAA:该天气过程在当年的顺序编号,YYYY:开始年份,MM:开始月份,DD:开始日期,HH:开始时间(北京时间,下同),mm:结束月份,dd:结束日期,hh:结束时间。

三、天气过程制作的要求

1. 绘制天气过程图时,图中需显示站点降水量、过程降温(≥5℃)、极大风速(≥17 m/s),并使用天气符号标注大风、沙尘区(见附图 C.1);

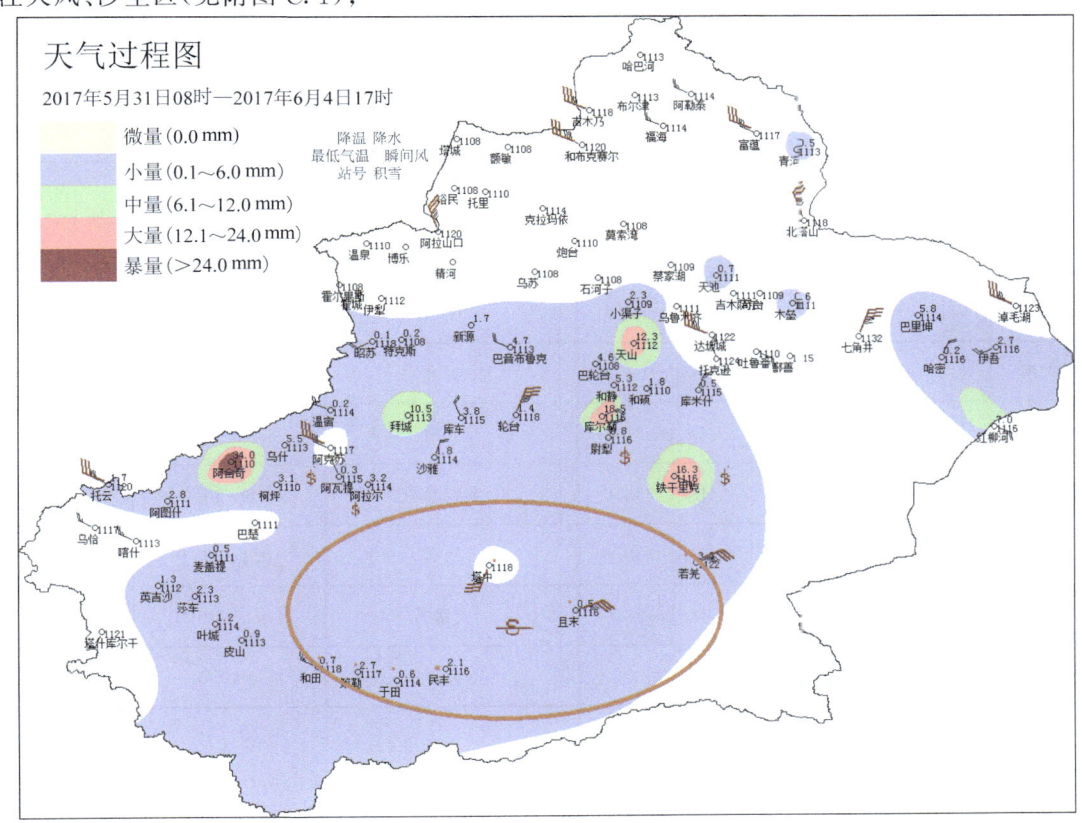

附录 C.1　天气过程图绘制示例

2. 在天气实况的文字描述中,应对降水、降温、风沙等天气逐一进行详细说明。如:南疆大部、伊犁州南部东部、乌鲁木齐市山区、昌吉州山区、哈密市出现小雨(依据新疆降水量级标准,详见附件C.1),克州北部、阿克苏西部北部、巴州共28站暴雨,克州北部山区5站大暴雨。过程最大降水中心分别为巴州且末县阿羌乡依山干河站、克州阿合奇县哈拉布拉克乡站,累计降雨85.7 mm、78.7 mm,9站出现短时强降水,最大小时雨量20.5 mm,6月1日13—14时出现在阿克苏地区柯坪县苏巴什村。全疆大部先后出现4~5级西北风,共172站8级以上(标准详见附件C.2),极大风速出现在巴州和静县黄水沟山口站32.1 m/s。5月31日至6月1日,和田地区、巴州和阿克苏地区局部共10站出现扬沙或沙尘暴,其中于田、民丰、塔中、且末4站出现沙尘暴,民丰、且末最小能见度300 m,出现强沙尘暴。

3. 环流形势演变描述应完整、清晰。如:500 hPa欧亚范围中高纬度以两槽两脊经向环流为主,中低纬两脊一槽,伊朗到里海—咸海高压脊与华南到新疆高压脊之间中亚槽加深并有气旋式环流,里海—咸海脊东扩,推动中亚槽东移进入南疆,与此同时,西伯利亚低槽东移引导地面冷高压进入北疆,冷空气沿天山北坡堆积,从天山东部豁口翻山进入东疆,然后回流"东灌"进入南疆盆地,形成南疆盆地东部地面至低空一定厚度的偏东气流,"东西夹攻"南疆降水开始,中亚槽进入南疆,部分沿西天山南坡缓慢东北移与低空切变线共同影响造成克州北部和阿克苏西部暴雨,向山的偏东气流为暴雨增幅;另一部分沿昆仑山北坡东移与低空切变线、地面冷锋共同影响造成巴州南部暴雨天气。

4. 在进行天气过程图与天气实况、环流形势演变文字的合成时,要注意合成软件字数限制,保证合成图上文字的完整性。

5. 天气过程强度的确定(详见附录A),夏季以降水为主,春、秋、冬季要综合考虑降水、风沙、降温;如仅在新疆某一区域出现某类强天气,过程强度应标注为:XX区域+天气过程强度,如:北疆寒潮、南疆西部大降水;稳定环流背景下多个短波影响的天气过程(2~4 d内)可合并制作为一个天气过程,需在环流形势演变的文字描述中应说明有几个短波及其影响时段。

附件C.1 新疆降水量级标准(修订版)

	雨			雪	
量级	12 h标准(mm)	24 h标准(mm)	量级	12 h标准(mm)	24 h标准(mm)
微雨	0.0~0.1	0.0~0.2	微雪	0.0~0.1	0.0~0.2
小雨	0.2~5.0	0.3~6.0	小雪	0.2~2.5	0.3~3.0
小到中雨	3.1~7.5	4.5~9.0	小到中雪	1.6~3.5	2.5~4.5
中雨	5.1~10.0	6.1~12.0	中雪	2.6~5.0	3.1~6.0
中到大雨	7.6~15.0	9.1~18.0	中到大雪	3.6~7.5	4.6~9.0
大雨	10.1~20.0	12.1~24.0	大雪	5.1~10.0	6.1~12.0
大到暴雨	15.1~30.0	18.1~36.0	大到暴雪	7.6~15.0	9.1~18.0
暴雨	20.1~40.0	24.1~48.0	暴雪	10.1~20.0	12.1~24.0
大暴雨	40.1~80.0	48.1~96.0	大暴雪	20.1~40.0	24.1~48.0
特大暴雨	>80.0	>96.0	特大暴雪	>40.0	>48.0

附件 C.2 风力等级特征及换算表(蒲福风力等级表,GB/T 28591—2012)

风力等级	海面状况 海浪高/m		海岸船只征象	陆地地面物征象	相当于空旷平地上标准高度 10 m 处的风速		
	一般	最高			m/s	km/h	knot
0	—	—	静	静,烟直上	0~0.2	小于 1	小于 1
1	0.1	0.1	平常渔船略觉摇动	烟能表示风向,但风向标不能动	0.3~1.5	1~5	1~3
2	0.2	0.3	渔船张帆时,每小时可随风移行 2~3 km	人面感觉有风,树叶微响,风向标能转动	1.6~3.3	6~11	4~6
3	0.6	1.0	渔船渐觉颠簸,每小时可随风移行 5~6 km	树叶及微枝摇动不息,旌旗展开	3.4~5.4	12~19	7~10
4	1.0	1.5	渔船满帆时,可使船身倾向一侧	能吹起地面灰尘和纸张,树枝摇动	5.5~7.9	20~28	11~16
5	2.0	2.5	渔船缩帆(即收去帆之一部分)	有叶的小树摇摆,内陆的水面有小波	8.0~10.7	29~38	17~21
6	3.0	4.0	渔船加倍缩帆,捕鱼须注意风险	大树枝摇动,电线呼呼有声,举伞困难	10.8~13.8	39~49	22~27
7	4.0	5.5	渔船停泊港中,在海者下锚	全树摇动,迎风步行感觉不便	13.9~17.1	50~61	28~33
8	5.5	7.5	进港的渔船皆停留不出	微枝拆毁,人行向前,感觉阻力甚大	17.2~20.7	62~74	34~40
9	7.0	10.0	汽船航行困难	建筑物有小损(烟囱顶部及平屋摇动)	20.8~24.4	75~88	41~47
10	9.0	12.5	汽船航行颇危险	陆上少见,见时可使树木拔起或使建筑物损坏严重	24.5~28.4	89~102	48~55
11	11.5	16.0	汽船遇之极危险	陆上很少见,有则必有广泛损坏	28.5~32.6	103~117	56~63
12	14.0	—	海浪滔天	陆上绝少见,摧毁力极大	32.7~36.9	118~133	64~71
13	—	—	—	—	37.0~41.4	134~149	72~80
14	—	—	—	—	41.5~46.1	150~166	81~89
15	—	—	—	—	46.2~50.9	167~183	90~99
16	—	—	—	—	51.0~56.0	184~201	100~108
17	—	—	—	—	56.1~61.2	202~220	109~118

附件 C.3 天气过程检索纸质档案(样例)

编号	过程起止时间	强度	是否合成	是否打印	是否录入 excel 档案	是否上传	制作人签字	审核人签字
35	035—2016061608—061908	特强	是	是	是	是		

附件C.4　天气过程电子检索档案（样例）

序号	时间	强度	影响系统	实况描述	灾情	服务材料	制图	签发
35	035—2016061608—061908	特强	北疆各地、天山山区、哈密北部、南疆西部山区、哈密北部出现降雨，其中伊犁河谷、博州、塔城北部和北疆沿天山一带、天山山区部分地区以及阿勒泰西部、哈密北部的局部地区出现中到大雨，伊犁河谷的大部、博州、塔城北部、天山山区等地局部出现暴雨到大暴雨，全疆共有270个站达到暴雨，116个站达大暴雨，最大降水量为伊宁麻扎乡博尔博松站达165.7 mm，上述部分地区4～5级西北风，十三间房瞬间风力达9级	500 hPa欧亚范围内中高纬以经向环流为主，里海—咸海至乌拉尔山为高压脊控制，西西伯利亚为平均槽区，前期受伊朗副热带高压影响全疆出现高温天气，热力条件好。随着乌拉尔高压脊脊顶东北伸，推动西西伯利亚的低涡南压，低涡底部不断分裂短波与中纬度锋区弱波动结合并东移，造成此次天气过程	气象灾情快报期号-标题（气象灾情快报2016年第28期-伊犁州、博州温泉县、阿勒泰富蕴县洪水灾情伊宁县因灾死亡2人失踪1人）	服务材料（气象信息快报以外的全部服务材料），服务材料名称，期号-标题 [重要气象情报201606—15日至20日伊犁河谷天山山区及两侧将有频繁降雨；气预警信号201616（暴雨蓝色预警）；预警信号201617（暴雨蓝色预警）]		